普通高等教育"十三五"规划教材

石油工程专业实验指导

王　林　主编

中国石化出版社

内容提要

本书是根据石油工程专业本科生培养方案要求的内容编写的，实验内容主要为石油工程专业理论课程对应的实验部分，除包含常规的石油工程专业本科实验教学内容以外，还包含了煤层气、页岩气、油页岩、水合物等非常规油气的实验内容。本书共分为八章，第一章为实验误差分析，第二章为油层物理实验，第三章为地下油气渗流力学实验，第四章为钻完井工程实验，第五章为采油工程实验，第六章为提高原油采收率实验，第七章为岩心驱替实验，第八章为非常规油气开发工程实验。

本书可作为普通高等院校石油工程专业本科生、专科生的教材，也可供油气田企业实验技术人员参考。

图书在版编目(CIP)数据

石油工程专业实验指导 / 王林主编. —北京：中国石化出版社，2021.3
ISBN 978-7-5114-6132-2

Ⅰ.①石… Ⅱ.①王… Ⅲ.①石油工程-实验-教学参考资料 Ⅳ.①TE-33

中国版本图书馆 CIP 数据核字(2021)第 026597 号

中国石化出版社出版发行
地址：北京市东城区安定门外大街 58 号
邮编：100011　电话：(010)57512500
发行部电话：(010)57512575
http://www.sinopec-press.com
E-mail:press@sinopec.com
北京科信印刷有限公司印刷
全国各地新华书店经销
*
787×1092 毫米 16 开本 6.75 印张 163 千字
2021 年 3 月第 1 版　2021 年 3 月第 1 次印刷
定价：28.00 元

PREFACE / 前言

　　石油工程属于一门实践性较强的学科，它除要求学生具备扎实的理论基础知识和专业知识外，还要求学生具有较强的实践能力。实验教学是高等院校的重要实践教学环节，在培养学生工程实践能力方面起着重要的作用。通过实验可以巩固学生的理论知识，锻炼学生的动手操作能力，培养学生的工程实践能力。

　　本实验指导书根据石油工程专业本科生培养方案要求的内容编写，实验内容主要为石油工程专业理论课程对应的实验部分。在编写本书时，除了编写常规的石油工程专业本科实验教学内容外，还将煤层气、页岩气、油页岩、水合物等非常规油气的实验内容编写到本书中。本书用简洁的语言对实验原理和实验操作方法进行了介绍，突出工程实用性和可操作性，强调理论与实践的结合，有利于培养学生的工程实践能力。包括实验误差分析、油层物理实验、地下油气渗流力学实验、钻完井工程实验、采油工程实验、提高原油采收率实验、岩心驱替实验、非常规油气开发工程实验等八个部分的实验教学内容。

　　第一章、第二章、第三章、第五章、第六章、第七章、第八章的第二节与第四节由王林负责编写，第四章由陈淑曲、王林共同编写，第八章第一节由马飞英负责编写，第八章第三节由刘菊泉编写。全书由王林统稿。

　　本书适合作为石油工程专业本科生、专科生的实验指导书，也可作为油气田企业实验技术人员的参考书。

　　在编写本教材过程中，参考了相关参考文献，在此对文献的作者表示深深的感谢。由于编者水平有限，加之时间仓促，错误与不足之处在所难免，敬请读者提出宝贵意见。

CONTENTS／目录

第一章　实验误差分析

在进行实验测量时，由于实验仪器、方法、环境的限制，以及实验人员技术水平等因素的影响，实验中难免存在误差。误差的大小，直接影响实验结果。

一、相关概念

1. 真值

真值是客观存在的真实大小，但由于仪器、环境、技术等因素的限制，真值无法获得。对某些参数进行测定时，会得到一个实际测量的数值，这个数值称为实测值。为了尽量接近真值，通常采用增加测量次数的方法来逼近真值。在计算过程中，通常用多次测量的实测值的平均值代替真值。

2. 平均值

测量次数越多，则实测值的平均值越接近真值。

（1）算术平均值

$$\bar{x} = \frac{1}{n}(x_1 + x_2 + \cdots + x_n) \tag{1-1}$$

式中　　　$\bar{x}$——实测值的平均值；

x_1，x_2，$\cdots$，x_n——各次的实测值；

n——测量的次数。

（2）加权平均值

$$\bar{x} = \frac{w_1 x_1 + w_1 x_2 + \cdots + w_n x_n}{w_1 + w_2 + \cdots + w_n} \tag{1-2}$$

式中　w_1，w_2，$\cdots$，w_n——各个实测值的权重。

（3）均方根平均值

$$\bar{x} = \sqrt{\frac{x_1^2 + x_2^2 + \cdots + x_n^2}{n}} \tag{1-3}$$

（4）几何平均值

$$\bar{x} = \sqrt[n]{x_1 \, x_2 \cdots x_n} \tag{1-4}$$

3. 误差与偏差

绝对误差是指测量值与真值的差值，通常所称的误差一般是指绝对误差。相对误差是指绝对误差与真值之比。偏差则是指测量值与多次测量值的平均值的差值。当测量次数非常多时，偏差接近误差。

绝对误差的表达式可用式（1-5）表示：

$$\varepsilon = |x - x_0| \tag{1-5}$$

相对误差的表达式可用式（1-6）表示：

$$\delta = \frac{|x - x_0|}{x_0} \tag{1-6}$$

偏差的表达式可用式（1-7）表示：

$$D = |x - \bar{x}| \tag{1-7}$$

式中　ε——绝对误差；

$\quad x$——实测值；

$\quad x_0$——真值；

$\quad \delta$——相对误差，%；

$\quad D$——偏差。

二、误差的分类

误差一般可分为系统误差和随机误差。

1. 系统误差

系统误差是由某些固定因素引起的，这些因素主要有：
（1）仪器因素。
（2）环境因素。如实验温度、压力、湿度等变化引起的误差。
（3）方法因素。如某些经验公式或近似的测量方法等引起的误差。
（4）人员因素。如每个人的操作精细程度、操作习惯等也会引起误差。
对于系统误差，一般可以通过改进措施，来减小误差。

2. 随机误差

随机误差也称偶然误差，是由某些不易控制的不稳定随机因素引起的。这些因素有：温度、湿度、磁场等环境条件的不稳定；仪器的不稳定；操作人员的生理活动变化等。即使是在相同的条件下进行实验，这种误差的大小和方向仍然是不确定的、随机的，数值无固定大小和偏向，很难找到随机误差产生的确切原因，因此随机误差又称不定误差。

三、实验误差分析

1. 算术平均误差

算术平均误差是指在 n 次测量中，求得的各次绝对误差的绝对值的算术平均值。算术平均误差可用式(1-8)表示：

$$\varepsilon - \frac{1}{n} \sum_{i=1}^{n} |x_i - \bar{x}| \tag{1-8}$$

式中　x_i——第 i 个实测值。

2. 标准误差

标准误差又称均方根误差，是指对各个测量值误差平方的算术平均值进行开方所得的值。标准误差可用式(1-9)表示：

$$\varepsilon = \sqrt{\frac{1}{n} \sum_{i=1}^{n} (x_i - \bar{x})^2} \tag{1-9}$$

第二章　油层物理实验

第一节　岩石孔隙度的测定

一、实验目的

（1）掌握用气体测定岩石孔隙度的原理。

（2）掌握气测孔隙度的流程和操作步骤。

二、实验原理

利用气体状态方程，通过氦气或氮气做等温膨胀，可求得岩石孔隙度。

1. 气体体积与压力关系

由气体状态方程可知：

$$pV=nZRT \tag{2-1}$$

由式（2-1）可得：

$$n=\frac{pV}{RZT} \tag{2-2}$$

式中　p——气体的压力，Pa；

　　　V——气体的体积，m^3；

　　　n——气体的物质的量，mol；

　　　Z——气体偏差因子；

　　　R——气体常数，$R=8.314 m^3 \cdot Pa \cdot K^{-1} \cdot mol^{-1}$；

　　　T——气体温度，K。

对于气体孔隙度测定仪，它是利用气体状态方程，将气体输入参考室（体积为 V_k）中，

4

设定参考室气体压力 p_1，然后将参考室内的气体等温膨胀到样品室(体积为 V_c)中，膨胀后测量最终平衡压力 p_2。根据膨胀前后气体质量守恒，可求得气体膨胀前后的压力(绝对压力)与体积关系：

$$\frac{p_1 V_k}{Z_1} + \frac{p_a(V_c - V_s)}{Z_a} = \frac{p_2 V_k}{Z_2} + \frac{p_2(V_c - V_s)}{Z_2} + \frac{p_2 V_v}{Z_2} \qquad (2-3)$$

将气体看作理想气体，则取偏差系数 $Z=1$，上式变为：

$$V_s = V_c - \left(\frac{p_1 - p_2}{p_2 - p_a}\right) V_k + \left(\frac{p_2}{p_2 - p_a}\right) V_v \qquad (2-4)$$

式中　V_c——样品室空间体积，cm^3；

　　　V_k——参考室空间体积，cm^3；

　　　V_v——平衡阀的阀体由关闭到打开所增加的体积，cm^3；

　　　V_s——装入样品室的固体骨架体积(岩石骨架或标准钢块体积)，cm^3；

　　　p_1——参考室的原始压力，MPa；

　　　p_2——平衡压力，MPa；

　　　p_a——当地当时的大气压，MPa。

2. V_k、V_c 和 V_v 的确定

(1) 依次将三个不同体积的标准钢块放入样品室中，然后测试气体膨胀前后的压力，根据式(2-4)可列三个方程；

(2) 通过联立上述三个方程，可求得参考室体积 V_k、样品室体积 V_c、平衡阀由关闭到打开所增加的体积 V_v。

3. 岩样孔隙度的计算

(1) 将待测岩样放入样品室后，测量平衡前后的压力，结合求得的 V_k、V_c 和 V_v，可利用式(2-4)求得岩样骨架体积 V_g。岩样骨架体积 V_g 等于测岩样时求得的 V_s 减去与岩样一起装入岩样室中的钢块体积。

(2) 求岩样孔隙度

$$\phi = \frac{V_p}{V_f} \times 100\% = \frac{V_f - V_s}{V_f} \times 100\% \qquad (2-5)$$

岩样的外表体积可由式(2-6)求得：

$$V_f = \frac{\pi}{4} D^2 L \qquad (2-6)$$

式中　ϕ——岩样的孔隙度，%；

　　　V_f——岩样的外表体积，cm^3；

　　　V_p——岩样的孔隙体积，cm^3；

　　　V_g——岩样颗粒体积，cm^3；

　　　D——岩样直径，cm；

  L——岩样长度，cm。

三、实验装置(图 2-1)

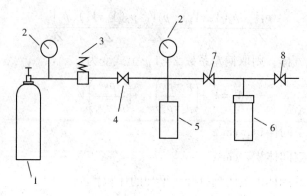

图 2-1 气测岩石孔隙度装置流程示意图

1—气源(氦气或氮气)；2—压力计；3—调压阀；4—进气阀；5—参考室；6—岩样杯；7—膨胀阀；8—放空阀

四、实验步骤

  (1) 测量各钢块及岩样外表尺寸。用游标卡尺在岩样三个不同位置测直径与长度，取平均值。

  (2) 将四块钢块从大至小依次放入岩芯杯(钢块标号分别为 4、3、2、1)，并密封岩芯杯。

  (3) 关好实验仪器阀门。

  (4) 开高压氮气瓶，将气瓶出口压力调至 0.8MPa。

  (5) 打开孔隙度测定仪电源，开气源阀。

  (6) 开进气阀，用调压阀将压力调至 0.5MPa，压力稳定后，关进气阀，并记录原始压力 p_1。

  (7) 开膨胀阀，待压力稳定后，记录平衡压力 p_2。

  (8) 关膨胀阀，开放空阀。取 4 号钢块，将岩样杯重新装入夹持器中密封，关放空阀，重复步骤(5)~(7)，记录取出的钢块体积 V_s 与平衡压力 p_2。然后关膨胀阀，开放空阀，取出所有钢块，将岩样杯装入夹持器中密封，关放空阀，重复步骤(5)~(7)，记录平衡压力 p_2。

  (9) 关膨胀阀，开放空阀，从岩样杯中取出全部钢块，换装岩样，若岩样未装满岩样杯，用钢块充填，尽量使杯子充满。然后将岩样杯放入夹持器中密封，关放空阀，重复步骤(5)~(7)，记录平衡压力 p_2。

  (10) 关闭气瓶总开关，开放空阀进行泄压，所有实验仪器恢复原状，结束实验。

五、实验数据处理

1. 实验数据记录

将实验数据记录于表 2-1 中。

表 2–1　岩石孔隙度测定实验测量参数

膨胀前压力 p_1：	大气压：	温度：	岩样直径：	岩样长度：
1#钢块直径：	2#钢块直径：	3#钢块直径：	4#钢块直径：	
1#钢块长度：	2#钢块长度：	3#钢块长度：	4#钢块长度：	
钢块或岩样编号	1–4	1–3	无	岩样与钢块
钢块或岩样体积				
平衡压力(绝对压力)				

2. 参数计算

根据表中的数据，计算标准室体积 V_k、V_c 和 V_v 以及孔隙度。

实验二
饱和液体法测岩石孔隙度实验

一、实验目的

（1）掌握用液体测定岩石孔隙度的原理。
（2）掌握液测孔隙度的流程和操作方法。

二、实验原理

岩石孔隙度等于岩石孔隙体积与岩石外观体积的比值。通过测定岩石的孔隙体积值和外观体积值，则可计算得到岩石孔隙度。

1. 岩石孔隙体积的求取

用液体(地层水或煤油)饱和岩样，根据岩样饱和液体前后在空气中的质量变化，可求得孔隙体积。岩石孔隙体积的计算式见式(2–7)：

$$V_p = \frac{w_2 - w_1}{\rho_L} \tag{2–7}$$

式中　V_p——孔隙体积，cm^3；

w_2——岩样饱和液体后的质量(空气中称重)，g；

w_1——饱和液体之前的岩样质量(空气中称重)，g；

ρ_L——液体的密度，g/cm^3。

2. 岩样外观体积

对于规则的岩样，可用游标卡尺直接量取岩样的几何尺寸，来求得外观体积。岩样的体积还可以用饱和液体法求取。将饱和液体(地层水或煤油)的岩样分别在空气中和液体

7

（地层水或煤油）中称得质量，然后根据阿基米德浮力原理可求得外观体积。岩样的外观体积计算式见式(2-8)：

$$V_f = \frac{w_2 - w_3}{\rho_L}$$ (2-8)

式中 V_f——岩样外观体积，cm^3；

  w_3——岩样饱和液体后在饱和液中称得的质量，g。

3. 岩样孔隙度

$$\phi = \frac{V_p}{V_f} \times 100\%$$ (2-9)

式中 ϕ——岩样孔隙度，%。

三、实验装置

天平、抽真空饱和装置。

四、实验步骤

（1）将已抽提、洗净、干燥的岩样在空气中称重。

（2）将岩样放入真空饱和装置中。

（3）对岩样抽真空大约8h。

（4）将液体(地层水或煤油)放入真空容器中，使岩样饱和液体。岩样完全浸没在液体中后，还需继续抽真空 0.5~1h。

（5）取出岩样，将岩样放入液体(地层水或煤油)中称重。

（6）用干净的滤纸轻轻擦拭岩样表面的液体，然后在空气中称取饱和液体的岩样质量。

（7）结束实验。

五、数据处理

1. 实验数据记录

将实验数据记录于表2-2中。

表2-2 液体饱和法测定岩石孔隙度数据

饱和液体前岩样质量 （空气中称重）	饱和液体后岩样质量 （液体中称重）	饱和液体后岩样质量 （空气中称重）	岩样直径	岩样长度

2. 求取岩样孔隙度

将记录的实验数据代入式(2-7)、式(2-8)、式(2-9)，可求得岩样孔隙度。

第二节 岩石绝对渗透率的测定

实验一 气体测定岩石渗透率实验

一、实验目的

（1）巩固渗透率的概念和达西定律的应用。
（2）掌握气测渗透率的原理、方法及实验流程。

二、实验原理

岩石的绝对渗透率反映了在压力作用下，岩石允许流体通过的能力。当气体在多孔介质中流动时，由气体的一维稳定渗流达西定律得到的气测渗透率公式为：

$$K_g = \frac{2Q_0 p_a L\mu}{A(p_1^2 - p_2^2)} \times 10^{-1} \tag{2-10}$$

由式（2-10）可知，气体渗透率与测试压力有关，对式（2-10）进行分解，可得：

$$K_g = \frac{Q_0 p_0 \mu L}{A(p_1 - p_2)(p_1 + p_2)/2} \times 10^{-1} \tag{2-11}$$

式中　K_g——气测渗透率，μm^2；

$\quad\quad Q_0$——岩样的气体流量，cm^3/s；

$\quad\quad L$——岩样长度，cm；

$\quad\quad A$——岩样横截面积，cm^2；

$\quad\quad p_0$——大气压（绝对），MPa；

$\quad\quad p_1$——岩样进口端的绝对压力，MPa；

$\quad\quad p_2$——岩样出口端的绝对压力，MPa；

$\quad\quad \mu$——气体黏度，$mPa \cdot s$。

岩心几何尺寸用游标卡尺直接测量，利用气测渗透率仪测量岩心进口端压力 p_1，出口端压力 p_2 在本次实验中为大气压（0.101MPa）。利用气测渗透率仪的流量计测量出岩心出口端的气体体积流量 Q_0。为了满足线性渗流条件，应用 Q_0-$\Delta p/L$ 关系曲线直线段数据代入公式计算 K_g。考虑滑脱效应影响，再根据 K_g-$1/\bar{p}$ 直线外推到纵坐标的截距即求得克氏渗透率 K_∞（等效液体渗透率）。

三、实验仪器工作原理及流程

气测渗透率测试装置流程如图 2-2 所示。

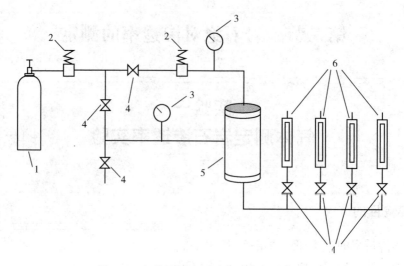

图 2-2 气体渗透率测试装置流程示意图

1—高压气瓶；2—调压阀；3—压力表；4—阀门；5—岩心夹持器；6—转子流量计

该仪器以氮气为工作介质，采用单向流、转子流量计测岩石渗透率。岩心出口端压力 p_2 为大气压(0.101MPa)，所以岩心测量压力表(入口端压力)显示的表压值即为岩心两端的压差。岩心出口端接有四支不同量程的微型转子流量计，测量时应根据岩心渗透率大小选择适当量程的转子流量计，以流量计的浮子能稳定在流量计中段为宜。在此基础上，应尽量选择量程小的转子流量计。实验过程中，应缓慢打开流量计，以防打开过快，气流上升快，压力过大，发生流量计玻璃管爆破危险。该流量计是在标准状况(0.1MPa、293K)下标定的，实际测量时应对所测的气体体积流量进行校正。校正公式见式(2-12)。

$$Q_0 = 0.2853Q'_0 \sqrt{\frac{1}{p_0(273+T) \times 10}} \qquad (2\text{-}12)$$

式中　Q'_0——流量计读数，mL/min；

　　　T——温度，℃。

四、实验步骤

(1) 检查仪器面板上各阀门是否处于关闭(关闭所有阀门)。

(2) 用游标卡尺测量岩样长度与直径(测三个不同位置，取平均值)。

(3) 将岩心装入夹持器中，并密封夹持器。

(4) 打开高压氮气气瓶，气瓶压力调至 1MPa。

(5) 打开环压阀，环压表显示在 0.8MPa 以上。

(6) 打开测压阀，调节调压阀至测量压力显示在 0.1MPa 以上，选择其中一个流量计测量流量(按量程从大至小选择合适的流量计)。记录岩心两端压差(最大不超过 0.5MPa)，每次压力稳定后读取流量和压力数值。测 4 个以上不同压差下的流量。

(7) 测试完毕，用调压阀将测量压力调至零，关测压阀，关环压阀，打开放空阀。关闭所有阀门。

（8）将所有仪器恢复原状，结束实验。

五、数据处理

（1）将实验数据记录于表 2-3 中，并按式（2-12）校正岩心出口端气体体积流量。

表 2-3　岩石渗透率测定实验测量数据

岩心长度 L：　　　cm　　　　氮气黏度 μ：　　　mPa·s

岩心直径 D：　　　cm　　　　大气压 p_0：　　　MPa

温度 T：　　　℃

测次	压力表读数/MPa	流量计读数 Q'_0/（mL/min）	校正流量 Q_0/（mL/s）
1			
2			
3			
4			
5			
6			

（2）绘制校正后的流量与压力梯度的关系曲线 Q_0-$\Delta p/L$，判断是否是线性渗流，只有 Q_0-$\Delta p/L$ 关系曲线为通过原点的直线，测得的结果才适用。在 Q_0-$\Delta p/L$ 的直线段上读取 5 组数据（Q_0，Δp），按式（2-11）计算 5 个气测渗透率 K_g 值。

（3）计算 5 个相对应的岩样两端平均压力的倒数 $1/\bar{p}$ 值。绘制气测渗透率与平均压力的倒数 K_g-$1/\bar{p}$ 的关系曲线，并根据直线外推在纵坐标上的截距，得到岩心的克氏渗透率 k_∞。

实验二
液体测定岩石渗透率实验

一、实验目的

（1）巩固渗透率的概念和达西定律的应用。
（2）掌握液测渗透率的原理、方法及实验流程。

二、实验原理

液体测定岩石渗透率实验是基于达西定律进行的，已知岩心的横截面积、长度以及液体黏度，通过测定岩样两端的压差与流量，运用达西定律可求得岩石绝对渗透率。达西定律可用下式描述：

$$Q = K\frac{A\Delta p}{\mu L} \tag{2-13}$$

根据达西定律可得渗透率的表达式：

$$K = \frac{\mu L Q}{A \Delta p} \qquad (2-14)$$

式中　Q——流量，cm^3/s；

　　　K——渗透率，D；

　　　A——岩心的横截面积，cm^2；

　　　Δp——岩心两端的压差，atm；

　　　μ——动力黏度，$mPa \cdot s$；

　　　L——岩心柱的长度，cm。

三、实验装置(图 2-3)

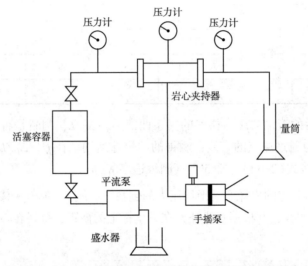

图 2-3　液测渗透率实验装置流程示意图

四、实验步骤

(1) 用游标卡尺测量岩样长度与直径(测三个不同位置，取平均值)。

(2) 将饱和地层水的岩心装入夹持器中，并密封夹持器。

(3) 对岩心夹持器加环压，保持环压大于岩石驱替压力 1.5~2MPa。

(4) 用地层水以设定的恒定速度注入岩心，待流动稳定后记录岩心两端的压力和出口流量。

(5) 按从小至大的次序，依次改变流量，重复步骤(4)，一般至少测 4 个不同的流量。

(6) 停泵，卸压，取出岩心，结束实验。

五、实验数据处理

1. 数据记录

将实验数据记录于表 2-4 中。

表 2-4　液测渗透率实验数据记录

岩心直径：		岩心长度：	液体黏度：	
流　量		入 口 压 力		出 口 压 力

2. 求取岩石渗透率

绘制流量与岩心压差曲线，求取岩石渗透率。

第三节　岩石碳酸盐含量测定

实验一
压力法测岩样碳酸盐含量实验

一、实验目的

（1）掌握压力法测定碳酸盐含量的原理和方法。

（2）了解碳酸盐含量测定仪的使用方法。

二、实验原理

1. 化学反应

岩样中的碳酸盐主要为方解石（$CaCO_3$）。取一定量的岩样与足量稀盐酸反应，产生 CO_2 气体，使容器内压力升高。岩样中碳酸盐含量越多，容器中产生 CO_2 气体的压力越大。反应式如下：

$$CaCO_3 + 2HCl = H_2O + CaCl_2 + CO_2 \uparrow \qquad (2-15)$$

根据气体状态方程，化学反应产生二氧化碳的物质的量为：

$$n_{CO_2} = \frac{pV}{RZT} \qquad (2-16)$$

根据碳酸盐与盐酸的化学反应式可知，碳酸盐物质的量等于二氧化碳物质的量，若碳酸盐全部以碳酸钙来表示，则可求得碳酸盐质量为：

13

$$m_{CaCO_3} = \frac{100pV}{RZT} \qquad (2-17)$$

碳酸盐含量以质量分数表示为:

$$\eta = \frac{100pV}{RmT} \times 100\% \qquad (2-18)$$

式中 η ——碳酸盐含量,%;

R ——气体常数,8.314J/(mol·K);

T ——反应室绝对温度,K;

m_{CaCO_3} ——碳酸盐质量,g;

m ——岩样质量,g;

V ——标准室体积,cm³;

p ——反应室的平衡压力,MPa。

因此,只需要测出平衡压力 p 与系统的标准室容积,就可求得碳酸盐岩含量。

2. 求取碳酸盐岩含量

标准室的容积由系统的管线、反应室的空余部分以及压力表的弹簧组成,用标准碳酸盐岩与测试岩样两次实验过程中,所选用的盐酸浓度与体积、岩样质量是一样的,因此反应后的标准室中的自由空间体积可以认为是相等的。压力法测定岩石中碳酸盐含量可按式(2-18)进行求取:

$$\eta_1 = \frac{\eta_0 m_0 p_1}{m_1 p_0} \qquad (2-19)$$

式中 η_1 ——测试岩样碳酸钙质量含量,%;

η_0 ——标准碳酸钙质量含量,%;

m_1 ——测试岩样质量,g;

m_0 ——标准碳酸钙质量,g;

p_1 ——测试岩样与岩石反应生成 CO_2 后的压力,MPa;

p_0 ——标准岩样与岩石反应生成 CO_2 后的压力,MPa。

三、实验仪器工作原理及流程(压力法)

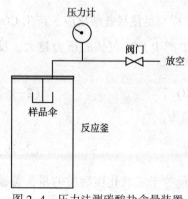

图 2-4 压力法测碳酸盐含量装置

该仪器主要由压力表、反应杯夹持器、反应杯、压力传感器组成(图2-4)。用伞型盛样器称取一定量的样品,置于反应杯中,样品与反应杯中的盐酸充分反应产生 CO_2 气体,压力表显示值即平衡压力,根据实验测试岩样与标准岩样的对比,可求出碳酸盐含量。

四、实验步骤

(1)检测环境。在实验过程中,温度波动不应超过1℃,且盐酸溶液、样品的温度与室温达到平衡。

（2）检查气密性，确保无漏气现象，并将压力表调零。

（3）样品研磨成粉末状备用。

（4）根据反应杯的容量与压力传感器量程，在 0.050 ~ 0.400g 之间选定并称取定量岩样。

（5）用伞型盛样器称取 0.300g 的标准岩样，将伞型盛样器安放于反应室盖的下方，用顶杆顶住。

（6）量取 15mL、10% 的稀盐酸倒入反应杯内，将反应杯置于夹持器中，转动 T 形转柄使之密封。

（7）关闭放空阀，记录初始压力读数。

（8）拉动顶杆使样品伞掉进反应杯中，使标准岩样与盐酸反应，待压力稳定后，记录反应后压力读数，得到气体压力。

（9）打开放空阀，逆时针转动 T 形转柄，取出反应杯，用清水冲洗反应杯与样品伞。

（10）用样品伞称取 0.300g 左右岩样，重复步骤（5）~（8）的操作。

五、数据处理

1. 实验数据记录

将实验数据记录于表 2-5 中。

表 2-5　压力法测碳酸盐含量实验数据

岩　　样	质量/g	压力/MPa	温度/℃	质量含量/%
标准岩样				
测试岩样				

2. 求取碳酸盐含量

根据实验记录数据（见表 2-5），利用式（2-19）可求得岩样中的碳酸盐含量。

实验二
称重法测岩样碳酸盐含量实验

一、实验目的

（1）掌握重力法测定碳酸盐含量的原理和方法。

（2）了解碳酸盐含量测定仪的使用方法。

二、实验原理

1. 化学反应

以碳酸钙来表示岩石中碳酸盐含量，碳酸钙与盐酸的化学反应方程式见式(2-15)。根据化学方程式(2-15)，可求得碳酸钙的质量：

$$m_{CaCO_3} = \frac{100m_{CO_2}}{44} = \frac{25m_{CO_2}}{11} \tag{2-20}$$

2. 求取碳酸盐含量

利用称量岩样(碳酸盐主要为方解石)与盐酸反应前后的质量变化来获得CO_2气体的生成量，从而求得碳酸盐含量。

根据质量守恒原理，反应前的岩石与盐酸质量之和(m_2)等于反应后反应杯中残留产物质量(m_3)与生成的CO_2质量(m_{CO_2})之和，因此生成的CO_2质量为：

$$m_{CO_2} = m_2 - m_3 \tag{2-21}$$

将式(2-21)代入式(2-20)可求得碳酸盐质量。然后根据下式可求得岩石中碳酸盐含量：

$$\eta = \frac{m_{CaCO_3}}{m_1} \times 100\% \tag{2-22}$$

三、实验装置(图2-5)

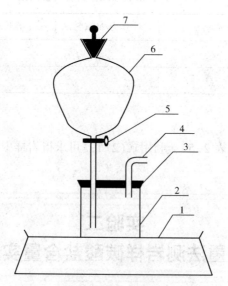

图2-5　称重法测定碳酸盐含量装置

1—高精度天平；2—反应杯；3—胶塞；4—排气管；5—阀门；6—储酸器；7—磨口塞

四、实验步骤

(1) 将储酸器6和反应杯2放在高精度天平1上，然后对高精度天平1进行质量归零设置。

（2）将一定量的岩石粉末装入反应杯 2 中，称得质量为 m_1。

（3）关闭阀门 5。

（4）取过量的稀盐酸，装入储酸器 6 中，高精度天平 1 称得岩石粉末和稀盐酸的质量之和为 m_2。

（5）打开阀门 5，稀盐酸流入反应杯 2 中，使岩石与盐酸充分反应。

（6）待高精度天平 1 读数稳定后，读取高精度天平 1 的读数 m_3。

（7）将实验装置中的残液倒入回收桶内，清洗装置，结束实验。

五、数据处理

1. 实验数据记录

将实验数据记录于表 2-6 中。

表 2-6　碳酸盐含量测定实验测量数据及计算结果

反应前样品质量	反应前样品、酸液、装置总质量	反应后样品、酸液、装置总质量

2. 碳酸盐含量求取

将表 2-6 中的数据代入式（2-20）、式（2-21）、式（2-22），可求得岩样中的碳酸盐含量。

第四节　岩石比面的测定

一、实验目的

（1）巩固岩石比面的概念。
（2）掌握气体透过法测岩石比面的原理和方法。

二、实验原理

Kozeny 于 1927 年将真实多孔介质简化为毛管束模型，推导出 Kozeny 方程，得到了多孔介质渗透率、孔隙度、比面积的关系式，但该模型为理想模型，与真实情况存在较大差异。Carman 于 1937 年在 Kozeny 方程的基础上，将真实多孔介质修正为等径颗粒组成的多孔介质，对非胶结的非球形颗粒组成的多孔介质则引入形状修正系数，得到 Kozeny-Carman 方程，该方程较真实地描述了多孔介质的渗透率、孔隙度、比面积等参数的关系。

Kozeny-Carman 方程是通过联立 Hagen-Poiseuille 公式和液体渗流的 Darcy 公式推导而来的。根据 Kozeny-Carman 方程，以岩心外表体积为基准的比面的计算公式为：

$$S = 14.14 \sqrt{\phi^3} \sqrt{\frac{A}{L}} \sqrt{\frac{H}{Q}} \sqrt{\frac{1}{\mu}} \tag{2-23}$$

式中　S——以岩心外表体积为基础的比面，cm^2/cm^3；

　　　ϕ——岩心孔隙度，小数；

　　　A——岩心横截面积，cm^2；

　　　L——岩心长度，cm；

　　　Q——通过岩心的空气流量，cm^3/s；

　　　H——岩心两端的压差，cm 水柱；

　　　μ——空气的黏度，$Pa \cdot s$。

通过岩石比面仪的压差计(U 形压差计显示岩心两端的压差)测得空气通过岩样的压差 H 和流量 Q，即可计算出岩样的比面，空气黏度 μ 根据室内温度表可查出。

实验开始前通过图 2-6 中的漏斗 4 向马略特瓶灌入一定量的水，此时打开放空阀 5 放空瓶内的空气，瓶内灌满水后，关闭阀门 5 和阀门 6。测定时慢慢打开阀门 7 的开关，控制流出的水量，在静水压力的作用下，水面下降使马略特瓶内造成负压(即岩心的一端也为负压)，此时在大气压力的作用下，气体通过岩心进入马略特瓶内，同时压差计上显示出岩心两端的压差。当进入的气体气量等于流出的水量时，岩心两端的压差达到稳定。此时压差 H 和水量 Q 即为岩心两端的压差和通过岩心的空气量。大气压下的空气黏度见表 2-7。

表 2-7　1atm 下空气的黏度　　　　　　　　　　　　　mPa·s

温度/℃	0	10	20	30
0	0.01718	0.01768	0.01818	0.01866
1	0.01723	0.01773	0.01823	0.01871
2	0.01728	0.01778	0.01828	0.01876
3	0.01733	0.01783	0.01832	0.01881
4	0.01738	0.01788	0.01837	0.01886
5	0.01743	0.01793	0.01842	0.01891
6	0.01748	0.01798	0.01847	0.01895
7	0.01753	0.01803	0.01852	0.01900
8	0.01758	0.01808	0.01857	0.01905
9	0.01763	0.01813	0.01862	0.01910

三、实验仪器工作原理及流程

实验所用仪器如图 2-6 所示。

四、实验步骤

(1) 测量岩样的长度和直径，并测出其孔隙度。

（2）将岩样装入岩心夹持器，并将马略特瓶灌满水，关闭阀5和阀6。

（3）测定时，打开阀7，不全开，利用其开度的不同，可控制流出的水量。待压差计的压差稳定在某一高度 H 后，通过岩心的空气量便等于从瓶中流出的水量。

（4）用量筒和秒表测出其流量 Q 值，并记录相对应的压差 H 值。在同一压差值下重复3次，得到3个流量，并算出3个流量的平均值。

（5）依次加大阀7的开启度，用同样的方法至少测定三个压差值与之相应的水量。

（6）关闭阀7，计算单位时间流出的水量，取平均流量 Q，将流量 Q 和与之对应的压差 H 值代入公式（2-23），再根据已知的孔隙度 ϕ，岩样横截面积 A，岩样长度 L 和流体黏度 μ，算出岩样的比面 S。

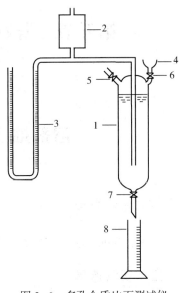

图 2-6　多孔介质比面测试仪
1—马略特瓶；2—岩心夹持器；
3—水压计；4—漏斗；
5、6、7—阀门；8—量筒

五、实验数据处理

1. 实验数据记录

将实验时间记录于表 2-8 中。

表 2-8　岩石比面测定实验测量数据

岩样长度 L：　　　cm　　　　　　空气黏度 μ：　　　mPa·s
岩样直径 D：　　　cm　　　　　　岩样孔隙度 ϕ：

测次	压差/cm	第一次测试		第二次测试		第三次测试		平均流量/cm³/s
		水量/cm³	时间/s	水量/cm³	时间/s	水量/cm³	时间/s	
1								
2								
3								
4								
5								
6								

2. 计算岩石比面

将表 2-8 中的实验数据代入式（2-23）中，可求得岩样的比面。

第五节　岩石孔隙中油、水饱和度测定实验

实验一
溶剂抽提法测岩石油、水饱和度

一、实验目的

掌握溶剂抽提法测定岩石含油饱和度的原理与方法。

二、实验原理

岩石含油饱和度是指岩石孔隙中原油体积占总孔隙体积的百分比。岩石孔隙中的原油、水的饱和度计算公式为：

$$S_w = \frac{V_w}{V_p} \tag{2-24}$$

$$S_o = \frac{V_o}{V_p} \tag{2-25}$$

式中　S_o——含油饱和度；

　　　S_w——含水饱和度；

　　　V_w——岩样中水的体积，mL；

　　　V_o——岩样中油的体积，mL；

　　　V_p——岩石孔隙体积，mL。

通过加热沸点高于水沸点的溶剂（常用溶剂为甲苯或酒精苯），将岩样中的水蒸馏出来，蒸馏出的水分经过冷凝器冷却后流入水分捕集器中，通过水分捕集器的刻度可直接读出水量。同时从岩样中抽提出的原油，仍然溶解在溶剂中。最后将抽提干净的岩样烘干、称重，用抽提前后岩样的质量差减去捕集器测得的水量，可求得含油饱和度。

三、实验仪器（图 2-7）

四、实验步骤

（1）对岩样称重，岩样的质量精度为 0.001g。

（2）将无水甲苯或酒精苯装入烧瓶中，烧瓶中的无水甲苯或酒精苯的量约为烧瓶容积的 60%。

（3）将岩样装入岩心杯中。

（4）连接好实验装置流程，在各密封接口上涂上凡士林，保证装置的密封性。

（5）打开冷却水系统。

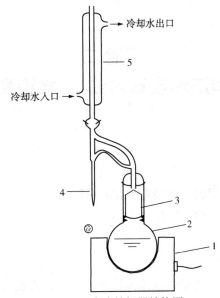

图 2-7　索式抽提器结构图

1—电炉；2—广口长颈烧瓶；3—岩心杯；4—水捕集计量器；5—冷凝管

（6）打开加热器，使烧瓶里面的溶剂沸腾。

（7）加热至水分捕集器中的水分不再增加，则停止加热。

（8）冷却后，取出岩样放入烘箱中，将温度设置为105℃进行烘干。

（9）称取烘干后的岩样质量。

五、实验数据处理

1. 实验数据记录

将实验数据记录于表2-9中。

表 2-9　含油饱和度测定实验数据与结果

水的体积 V_w/mL	抽提前岩样质量 m_1/g	抽提后岩样质量 m_2/g	原油密度 ρ_o/(g/cm^3)	干岩样密度 ρ_r/(g/cm^3)	水的密度 ρ_w/(g/cm^3)

2. 求取岩样含油、水饱和度

利用表2-9中的数据，求取岩样中油的体积 V_o。

$$V_o = \frac{m_1 - m_2 - V_w \rho_w}{\rho_o} \qquad (2-26)$$

$$V_p = \frac{m_2 \phi}{\rho_r} \qquad (2-27)$$

式中　ϕ——岩样孔隙度。

然后将式（2-26）、式（2-27）代入式（2-25）可求得含油饱和度；根据式（2-27）、式（2-24）以及测得的水体积，可求得含水饱和度。

实验二
干馏法测岩石含油、水饱和度

一、实验目的

(1) 掌握常压干馏法测定岩样含油饱和度的原理与方法。

(2) 了解常压干馏仪的结构和操作方法。

二、实验原理

岩样流体饱和度是指岩样孔隙中流体体积在地下所占总孔隙体积的百分比。岩样孔隙中水的饱和度计算公式见式(2-24)，原油的饱和度见式(2-25)。

通过加热器加热岩样，当温度高于油、水的沸点后，油、水蒸发出来，油、水蒸气进入冷凝装置后被冷凝成液体，冷凝液流入计量装置中。由于油、水不相溶，因此根据油、水两相的界面，可以分别读出油、水体积。最后根据原油、水饱和度公式可算出含油、水饱和度。

三、实验仪器(图 2-8)

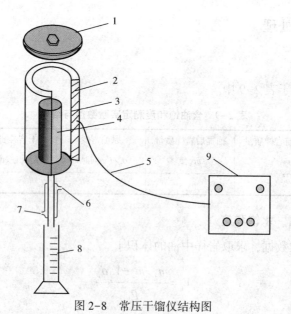

图 2-8　常压干馏仪结构图

1—盖子；2—加热器；3—岩心筒；4—岩样；5—电缆；6—冷却水出口；7—冷却水入口；8—油水计量筒；9—温度控制器

四、实验步骤

(1) 将岩样(已测得孔隙度)粉碎成大约 6.4mm 大小的块状，然后对岩样进行称重。岩

22

样的质量精度为 0.001g。

（2）将岩样放入岩样筒，并拧紧盖子。

（3）打开冷却水的入口和出口，使水流入冷凝器。

（4）打开温度控制开关，设定初始温度为 177℃，对岩样进行加热，然后每隔一段时间记录蒸馏出的水体积。

（5）当计量筒中水体积不再增加时，将温度设为 300℃，继续加热，直至计量筒中油的体积不再增加。

（6）关闭电源，5min 后关闭冷却水，读取计量筒中油的体积。

（7）岩心筒冷却后，取出岩样进行称重并记录质量。

五、实验数据处理

1. 实验数据记录

将实验数据记录于表 2-10。

表 2-10　岩样饱和度测定数据

蒸馏出的水量/mL						蒸馏出的油量/mL	干岩样质量/g
1min	2min	3min	4min	5min	……		

2. 数据校正

将初始温度设为 177℃ 是为了除去孔隙水、吸附水、结晶水。因此需要对蒸发出的水量进行校正。校正方法为以蒸出水量为纵坐标，干馏时间为横坐标，在直角坐标系中作曲线图，曲线上第一个平稳段对应的水量即为岩样孔隙内的水量 V_w。由于干馏过程中，原油中部分组分会结焦或裂解而残留在岩样中，使收集到的油体积减小，另外蒸发过程中也会损失一部分原油，因此需要用事先准备好的石油体积校正曲线（图 2-9）对干馏出来的油体积进行校正。

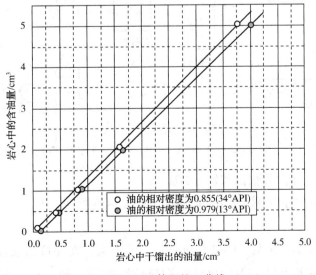

图 2-9　原油体积校正曲线

3. 求取岩样中的含油、水饱和度

根据式(2-24)、式(2-25)、式(2-27)可求得岩样的油、水饱和度。

第六节　地层原油高压物性分析实验

实验一
转样

一、地面流体样品检查、配制

按 SY/T 5542—2009《油气藏流体物性分析方法》第6.4条检查地面油、气样品；按照第 7 项进行地层流体配制。

二、转样

（1）将 PVT 容器清洗干净。

（2）储样器上部接转样接头，用排液法排净接头内部空气，竖直取样器。

（3）高压计量泵保持实验压力，储样器上部转样接头接喷嘴，开阀门，向准备好的烧杯中喷油。

（4）一经喷油 3~5mL 后关阀门，卸喷嘴，按图 2-10 接流程。

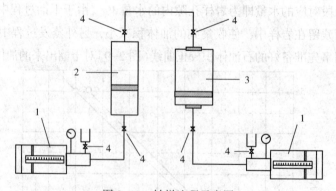

图 2-10　转样流程示意图

1—高压电动计量泵；2—储样器（井下取样器或配样器）；3—PVT 筒；4—阀门

（5）储样器与 PVT 仪器恒温到地层温度 4h。

（6）PVT 容器及外接管线抽空至真空度 200Pa 后继续抽 0.5h。调整计量泵活塞至最上端。

（7）高压计量泵加压进泵，PVT 分析仪计量泵退泵，在保持两泵在实验压力条件下，缓慢打开储样器顶阀和 PVT 容器的顶阀，将储样器中的样品转入 PVT 容器中。

（8）反向操作，逐一关闭各阀门，高压计量泵降压至常压，转样结束。

实验二
等温恒质膨胀实验

一、实验目的

（1）获得地层流体的饱和压力、压缩系数。

（2）掌握饱和压力与压缩系数的测定原理与方法。

二、实验原理

恒质膨胀实验是在等温条件下，测定恒定质量的流体压力与地层油样品体积变化关系的实验。在压力高于地层油的饱和压力时，随着压力的下降，地层油的体积仅发生轻微的膨胀，地层油体积的增加较小；当压力低于地层油的饱和压力时，溶解在地层油中的天然气析出，因天然气的压缩系数远远高于液体的压缩系数，随着压力的下降，油气的体积变化率远远大于压力高于饱和压力下的体积变化率。以压力为纵坐标，体积变化值为横坐标，在直角坐标系中作曲线图，曲线的该点对应的压力即为地层油的饱和压力。

根据原油压缩系数的定义，可求得原油压缩系数：

$$C_{oi} = -\frac{1}{V_i}\frac{\Delta V_i}{\Delta p_i} \tag{2-28}$$

式中　C_{oi}——第 i 级与 $i-1$ 级压力区的地层油压缩系数，1/MPa；

　　　V_i——i 级压力下的地层油体积，cm^3；

　　　ΔV_i——第 i 级与 $i-1$ 级压力区的地层油体积差，cm^3；

　　　Δp_i——第 i 级与 $i-1$ 级压力差，MPa。

三、实验装置与流程（图 2-11）

四、实验步骤

（1）在地层温度下，将 PVT 分析仪中的地层流体加压至地层压力或高于泡点压力，然后进行充分搅拌。

（2）采取逐级降压法（每级降压 2MPa），观察压力表有无明显反应。

（3）当降压至某个压力时，压力表指针有明显回升现象，稳定后的压力即为粗测泡点压力。

（4）在饱和压力以上时，由于体积随压力变化非常小，采取定分级压力法。根据粗测泡点压力值，泡点压力以上定分级压力（压差为 0.5~2MPa）4 个点，每一级应搅拌稳定后，

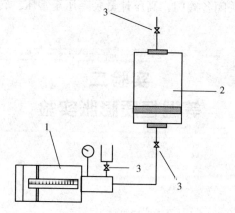

图 2-11　等压恒质膨胀实验装置流程示意图

1—高压电动计量泵；2—PVT筒；3—阀门

静止 2min 读取压力及泵读数。

（5）粗测泡点压力以下，由于有天然气析出，体积随压力变化较大，采用逐级膨胀定体积法（体积差为 0.5~20mL），每一级应搅拌稳定后，静止 2min 读取压力及泵读数。最好膨胀至原始样品体积的三倍以上位置为止。

（6）在直角坐标系中，以 PVT 容器中地层流体体积差 ΔV 为横坐标，压力 p 为纵坐标，作曲线图。曲线的拐点（降压法测试点曲线与膨胀定体积法测试曲线）即为泡点压力。

（7）重复步骤（1）~步骤（6）操作，至少测定两支样品。

（8）至少有两支样品泡点压力相对误差不超过 3%；泡点压力小于或者等于取样点压力，相对误差不大于 3%。

五、实验数据处理

1. 实验数据记录

将实验数据记录于表 2-11 中。

表 2-11　等温恒质膨胀体积系数（温度：　　　）

序　号	压　力	样 品 体 积

2. 求取饱和压力与体积系数

（1）以体积差 ΔV 为横坐标，压力 p 为纵坐标，分别做定分级压力法和定体积法的 p 和 ΔV 曲线图，两条曲线的交点对应的压力即为饱和压力。

（2）利用式（2-26），求取饱和压力以上的地层油压缩系数。

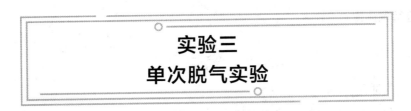

实验三
单次脱气实验

一、实验目的

（1）掌握单次脱气实验的原理及测定方法。
（2）获得单次脱气的气油比、体积系数。

二、实验原理

单次脱气是指在地层油脱气过程中，体系的总组成恒定不变，将处于地层条件下的单相地层原油闪蒸到大气条件，然后测定原油的体积和气、油量变化。

三、实验装置（图2-12）

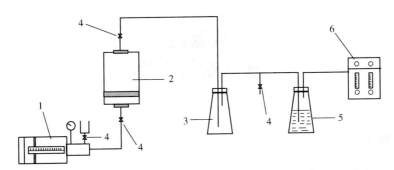

图2-12　脱气实验装置流程示意图

1—高压电动计量泵；2—PVT筒；3—分离瓶；4—阀门；5—气体指示瓶；6—气量计

四、实验步骤

（1）将储样瓶中的样品转样到PVT容器中后，使样品恒定在地层温度4h以上。
（2）在地层温度下，将PVT分析仪中的地层流体加压至地层压力或高于泡点压力，然后进行充分搅拌。
（3）压力稳定后，记录压力与样品体积。
（4）用PVT计量泵保持压力，略开PVT容器的阀门，将一定体积的样品缓慢放出至分离瓶中，计量脱气体积，并对脱气后的原油进行称重，记录计量泵的读数、大气压和室温。
（5）取油、气样分析组分的组成。

五、实验数据处理

1. 求溶解气油比

$$R_s = \frac{V_g}{V_o}$$
(2-29)

式中 R_s——气油比，cm^3/cm^3；

V_g——脱出的气体在标准状态下的体积，cm^3；

V_o——脱气后分离瓶中原油的体积，cm^3。

2. 求地层原油体积系数

$$B_o = \frac{V_{of}}{V_o}$$
(2-30)

式中 B_o——原油体积系数，cm^3/cm^3；

V_{of}——地层温度、压力条件下的 PVT 容器中的油样体积，cm^3。

3. 求油样、气样组分组成

根据油、气样，进行色谱分析，求得油样和气样组分的组成。

实验四
多次脱气实验

一、实验目的

（1）掌握多次脱气实验的测定方法。
（2）获得样品各级压力下的溶解气油比、饱和油的体积系数和密度等参数。

二、实验原理

多次脱气实验是在地层温度条件下，分级进行降压，直至压力降低到大气压，每次降压分离出来的气体及时从油气体系中排出。在多次脱气过程中，测定排气量、油的体积、油气性质和组成等参数随压力的变化关系。

三、实验装置

与单次脱气实验流程图相同，见图 2-13。

四、实验步骤

（1）将储样瓶中的样品转样到 PVT 容器中后，使样品恒定在地层温度 4h 以上。

（2）在地层温度下，将 PVT 分析仪中的地层流体加压至地层压力，然后进行充分搅拌，稳定后读取 PVT 容器中样品的体积。

（3）PVT 分析仪退泵，降压至设定好的第一级脱气压力，然后充分进行搅拌，稳定后读取样品体积。

（4）用 PVT 计量泵保持压力，略开 PVT 容器的顶阀，缓慢进行排气，排完气后迅速关闭顶阀并停 PVT 计量泵，不能让油排出。记录排出气量、大气压和室温，并取气样分析组分的组成。

（5）重复步骤(3)~步骤(4)，逐级进行降压脱气，直至压力降至大气压。并将各级压力下的样品转入小容器中称重、测密度。

（6）将 PVT 容器中的残余油排出，并称重，然后测定残余油的组成和 20℃下的密度。

五、实验数据处理

1. 求各级压力下的原油溶解气油比

$$R_{si} = \frac{V_{gi}}{V_{oi}} \tag{2-31}$$

式中　R_{si}——i 级压力下的溶解气油比，cm^3/cm^3；

　　　V_{gi}——i 级压力下油样脱出的气体在标准状态下的体积，cm^3；

　　　V_{oi}——i 级压力下脱气后分离瓶中原油的体积，cm^3。

2. 求地层原油体积系数

$$B_{oi} = \frac{V_{ofi}}{V_{oi}} \tag{2-32}$$

式中　B_{oi}——i 级压力下油样体积系数，cm^3/cm^3；

　　　V_{ofi}——i 级压力条件下的 PVT 容器中的油样体积，cm^3。

3. 求地层油密度

$$\rho_{of} = \frac{w_2 - w_1}{V_{of}} \tag{2-33}$$

式中　ρ_{of}——地层温度压力条件下的原油密度，g/cm^3；

　　　w_2——地层原油样品排入小容器后的质量，g；

　　　w_1——空小容器的质量，g。

实验五
地层原油黏度测定实验

一、实验目的

（1）掌握高压落球黏度计的工作原理与使用方法。

(2) 测得地层条件下原油的黏度。

二、实验原理

采用落球法测定地层油黏度。钢球在地层油中的下降速度与地层油的黏度有关，黏度越大，则钢球下降速度越小。黏度与钢球下降速度的关系满足如下方程：

$$\mu_o = k(\rho_b - \rho_o)t \qquad (2-34)$$

式中　μ_o——地层温度和压力下的原油黏度，mPa·s；

　　　　k——落球黏度计常数；

　　　　ρ_b——钢球的密度，g/cm³；

　　　　ρ_o——地层油的密度，g/cm³；

　　　　t——钢球的下落时间，s。

三、实验装置与流程(图2-13)

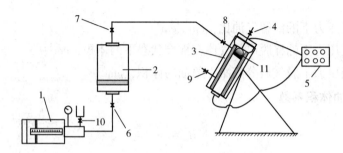

图2-13　高压滚球黏度计测定流程

1—高压电动计量泵；2—PVT仪；3—黏度计；4—测定阀(脱气室阀)；5—黏度计控制器；
6，7—PVT仪阀门；8，9—黏度计进样、排样阀门；10—计量泵储液杯控制阀；11—钢球

四、实验步骤

(1) 将钢球放入已经标定过的高压落球黏度计测试腔内。

(2) 按流程图连接好实验流程。

(3) 将落球黏度计的温度设置在地层温度，并保持恒温4h以上。

(4) 对落球黏度计进行抽真空，当压力达到200Pa后继续抽真空30min。

(5) 保持压力条件下(大于饱和压力)将原油样品转入黏度计中，调压到测定压力。

(6) 在吸球线圈断电情况下反复翻转黏度计，搅拌油样到平衡，关闭测定阀。

(7) 让吸球线圈朝下并通电吸住钢球，再翻转黏度计至测定角度，按落球键记录钢球滚动时间，钢球的下落时间介于10~80s为宜。

(8) 每个压力级下至少测定两个角度，每个角度下测定3~5次，对于偏差太大的数据要重测，相对偏差小于1%为合格。

(9) 每测定一个压力点，将脱气室朝上，先打开测定阀4，再缓慢降压脱气到下一级压力，关闭测定阀4(脱气室阀)，反复翻转黏度计，使油样搅拌至平衡。然后再按步骤(7)~

步骤(8)重复测定钢球下落时间，直至大气压级。原始泡点压力级要求测定三个压力点。

（10）清洗落球黏度计，结束实验。

五、实验数据处理

1. 实验数据记录

将实验数据记录于表2-12中。

表2-12 高压地层油样黏度测定数据

钢球密度： g/cm³；原油密度： g/cm³；温度： ℃；压力： MPa

角度	落球时间				平均落球时间

2. 求得地层油样黏度

将表2-12中的实验数据代入式(2-34)，可求得每个角度下的高压地层油样的黏度，然后对每个角度下的黏度取平均值。

第三章　地下油气渗流力学实验

第一节　井间干扰实验

一、实验目的

(1) 了解和掌握井间干扰形成的原理。

(2) 了解压力的变化规律。

二、实验原理

井间干扰的实质是地层能量的重新平衡，能量的大小用压力表示。因此，井间干扰的最终结果表现为地层压力的重新分布。当地层中某井生产工作制度改变时，将破坏原有的压力平衡，引起地层渗流场发生改变，从而导致地层内其他井的压力改变。

根据渗流力学知识，储层中某点的压降是各井单独生产时在该点上所产生的压降的代数和。如图 3-1 所示，A、B 为生产井，C 为观察井(静止)。当只有 A 井以产量 q_A 生产时，在 C 点产生的压为 Δp_{12}；当只有 B 井以产量 q_B 生产时，在 C 点产生的压降为 Δp_{13}；当 A 井以产量 q_A，B 井以产量 q_B 同时生产时，在 C 点产生的压降为 Δp_{14}。则根据渗流力学知识，存在如下关系式：

$$\Delta p_{12} + \Delta p_{13} = \Delta p_{14} \tag{3-1}$$

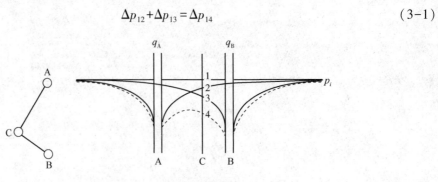

图 3-1　井间干扰示意图

三、实验装置(图 3-2)

(1) 恒压系统，它主要控制输出恒定的压力。

（2）生产井模拟系统，主要作用是模拟井的生产。

（3）测试系统，测试离生产井不同距离处的压力。

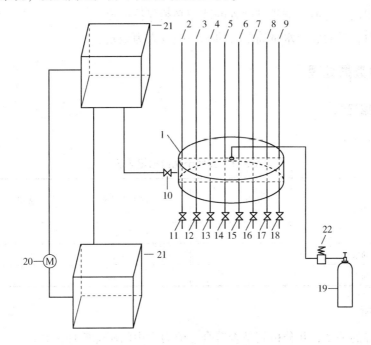

图 3-2　井间干扰实验装置

1—填砂模型；2~9—透明测压管；10~18—阀门；19—气瓶；20—水泵；21—水箱；22—减压阀

四、实验步骤

（1）打开储气罐开关，调节气压调节阀为 0.12MPa 左右。

（2）打开水泵 18、储层模拟装置入口阀 9。

（3）检查测液管液面是否一致，如不一致，排除气泡，直至测液管液面高度一致。

（4）选择一根测液管 C 作为观察井，并选择测液管 C 两侧的测液管 A、B 作为生产井，然后记录测液管 A、B、C 的初始液面高度。

（5）打开测液管 A 的放水阀，待测液管液面 A、B、C 稳定后，记录测液管 A、B、C 的液面高度。

（6）利用秒表和量筒测量出液口流量，然后关闭测液管 A 的放水阀。

（7）待各测液管液面再次齐平后，打开测液管 B 的放水阀，待测液管液面 A、B、C 稳定后，记录测液管 A、B、C 的液面高度。

（8）利用秒表和量筒测量出液口流量。

（9）再次打开测液管 A 的放水阀，调节流量至与步骤（6）相同的流量，并调节测液管 B 的流量，使测液管 B 的流量与之前流量相同，待测液管液面 A、B、C 稳定后，记录测液管 A、B、C 的液面高度。

（10）数据记录结束，关闭气、水阀门。

注意事项：

（1）上覆压力不能开得太大。

（2）打开出液口之前，测压刻度管的液面必须保持一致。

（3）计量时，秒表和接水量筒配合协调，减少人为误差。

五、实验数据处理

1. 实验数据记录

将数据记录于表 3-1 中。

表 3-1　井间干扰数据记录表

生产参数 ＼ 生产井状态	仅 A 井生产	仅 D 井生产	A 井与 B 井同时生产
流量			
C 井原始液柱高度			
C 井液柱降低高度			

2. 数据分析

分析各压降的关系，并分析其是否符合渗流力学中的压降叠加关系。

第二节　不可压缩流体平面径向稳定渗流实验

一、实验目的

（1）验证不可压缩流体平面径向流时产量与压力的关系。

（2）测定模型中多孔介质的渗透率。

二、实验原理

当不可压缩的流体在均质的多孔介质中进行平面径向稳定渗流时，流量与压力满足如下方程：

$$p_r - p_{wf} = \frac{\mu q}{2\pi Kh} \ln \frac{r}{r_w} \tag{3-2}$$

式中　p_r——半径 r 处的地层压力，MPa；

　　　p_{wf}——井底流压，MPa；

　　　r_w——生产井的井眼半径，m；

　　　r——半径，m；

　　　K——储层渗透率，D；

　　　h——储层厚度，m；

　　　μ——流体黏度，mPa·s；

34

q——井的流量，m^3/ks。

三、实验装置

与井间干扰实验装置流程图相同，见图 3-2。

测压管的位置见图 3-3。

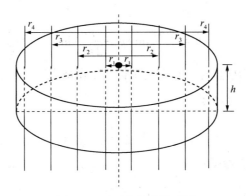

图 3-3 平面径向流模型图

h—砂层厚度，6cm；r_1、r_2、r_3、r_4 为半径，代表测压管的位置，其中 $r_1 = 2cm$，$r_2 = 8cm$，$r_3 = 15cm$，$r_4 = 25cm$

四、实验步骤

（1）打开储气罐开关，调节气压调节阀为 0.12MPa 左右。

（2）打开水泵 18、储层模拟装置入口阀 9。

（3）检查测液管液面是否一致，如不一致，排除气泡，直至测液管液面一致，然后记录测液管初始液面高度。

（4）打开填砂模型中心位置的放水阀，通过阀门调节流量。

（5）待测液管液面稳定时，测定流量及每个流量下的测液管高度。

（6）关闭水泵、气源、放水开关，结束实验。

五、实验数据处理

1. 实验记录

记录初始状态下液柱高度，然后记录不同流量下的液柱高度数据，并将所测数据填入表 3-2 中。

表 3-2 数据记录表

	砂层厚度：			初始液柱高度：				
流量/(mL/s)	H_1/cm	H_2/cm	H_3/cm	H_4/cm	H_5/cm	H_6/cm	H_7/cm	H_8/cm

2. 绘制压降漏斗曲线

根据表 3-2 中的数据，以测压管的位置(半径)为横坐标，测压管液面高度为纵坐标，绘制压降漏斗曲线。

3. 应用平面径向稳定渗流公式求模型中多孔介质的平均渗透率

式(3-2)可以变换为下式：

$$p_r = \frac{\mu q}{2\pi Kh}\ln r + p_{wf} - \frac{\mu q}{2\pi Kh}\ln r_w \tag{3-3}$$

以 p_r 为纵坐标，$\ln r$ 为横坐标，在直角坐标系中做散点图，然后用直线拟合散点，可得到斜率 m，m 的值可用下式表示：

$$m = \frac{\mu q}{2\pi Kh} \tag{3-4}$$

则有式(3-4)可求得渗透率：

$$K = \frac{\mu q}{2\pi mh} \tag{3-5}$$

求不同流量下的渗透率，然后取渗透率的平均值。

第三节　单相液体的平面径向不稳定渗流实验

一、实验目的

(1) 掌握单相液体的平面径向不稳定渗流方程的应用。

(2) 模拟油井的压降试井和压力恢复试井过程，并掌握压降试井与压力恢复试井的解释方法。

二、实验原理

1. 压力降落

用等厚圆形均质砂层模拟油藏储层，当开井生产后，压力波传到圆形边界之前，井底压力是不断降低的，处于不稳定渗流状态。

此时的压力降落方程为：

$$p_{wf} = p_0 - \frac{q\mu}{4\pi Kh}\ln\frac{2.25\eta t}{r_w^2} \tag{3-6}$$

式中　p_{wf}——井底压力，MPa；

p_0——原始地层压力，MPa；

q——产量，m^3/s；

μ——液体的黏度，$Pa \cdot s$；

K——储层渗透率，m^2；

h——储层厚度，m；

η——地层导压系数，$\eta=K/(\mu\phi C_t)$，$m^2\cdot Pa/(Pa\cdot s)$；

t——开井生产时间，s；

r_w——井眼半径，m。

2. 压力恢复

在等厚圆形均质砂层模拟油藏储层，当储层中的某口井以恒定产量 q 生产 t 时间后关井，则井底压力会逐步回升。

此时的压力恢复方程为：

$$p_{wf}=p_{wf_0}+\frac{q\mu}{4\pi Kh}\ln\frac{2.25\eta\Delta t}{r_w^2} \qquad (3-7)$$

式中　　p_{wf_0}——关井时刻的井底压力，MPa；

Δt——关井后压力恢复时间，s。

三、实验装置

与井间干扰实验装置相同，见图 3-2。

四、实验步骤

（1）打开模拟装置的进水阀，往砂层里面灌注水。

（2）检测测液管液面是否高度一致，如不一致，需排除气泡直至测液管液面一致，然后记录测液管初始液面高度。

（3）待测液管液面一致后，打开装置中心的排液阀门，控制好阀门，使流量保持恒定。

（4）记录时间、测压管液面、流量读数。

（5）继续保持流量恒定生产一段时间。

（6）关闭装置中心的排液阀门，并记录压力恢复的时间、测压管液面等读数。

（7）等测压管液面恢复至初始值后，结束实验。

五、实验数据处理

1. 数据记录

将数据记录于表 3-3、表 3-4 中。

表 3-3　压降数据记录

砂层厚度：	原始地层压力：		井眼半径：	流量：
时　　间			井　底　压　力	

表 3-4　压力恢复数据

关井前流量：		关井前生产时间：		关井时刻井底压力：
时　　间			井 底 压 力	

2. 绘制曲线

绘制压降、压恢的井底压力与时间的对数关系曲线，求出砂层渗透率。

第四章　钻完井工程实验

第一节　泥页岩膨胀性的测定

一、实验目的

（1）了解高温高压泥页岩膨胀仪的结构、工作原理及使用方法。

（2）掌握黏土矿物吸水膨胀的机理及膨胀率的计算方法。

二、实验原理

钻井液中的水侵入泥页岩中会引起黏土矿物颗粒水化膨胀，泥页岩的膨胀能力一般用线膨胀率来表征。室内的泥页岩膨胀性测定实验是让泥页岩样直接与水接触，测岩样在不同时间的线膨胀率。通过测得岩样处理前后的最大线膨胀率，还可以求得防膨率。

1. 膨胀率计算公式

$$E = \frac{h_t - h_0}{h_0} \times 100\% \tag{4-1}$$

式中　E——膨胀率，%；

　　　h_0——样品的初始高度，mm；

　　　h_t——样品在 t 时刻的高度，mm。

2. 防膨率计算公式

$$B = E_1 - E_2 \tag{4-2}$$

式中　B——防膨率，%；

　　　E_1——未经处理过的黏土的最大膨胀率，%；

　　　E_2——处理过的黏土的最大膨胀率，%。

三、实验装置

实验所用仪器为 HTP-4 型高温高压页岩膨胀仪，该仪器由压实装置、缓冲容器、样品室、储液罐、数据采集系统、氮气源组成。各部分之间连接方式如图 4-1 所示。该仪器最高工作温度为 120℃，气源压力为 5MPa，测试精度为 0.001mm，位移测试量程为 10mm，试样模内径为25mm。本次实验用膨润土经压实作用后制成样芯，在一定温度和压力下与水接触后测定其膨胀率。

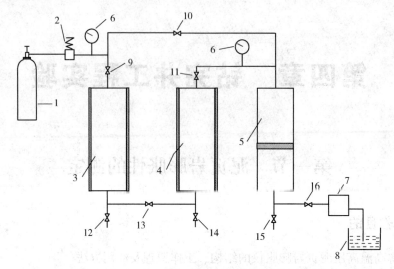

图 4-1　高温高压页岩膨胀仪流程示意图

1—气源；2—减压阀；3—储液罐；4—样品室；5—缓冲容器；6—压力表；

7—手动泵；8—储液瓶；9~16—阀门

四、实验步骤

（1）称取一定量膨润土或页岩粉（50g左右）装入岩样筒中，通过手动液压泵加压至4MPa，恒压压实5min，制成实验岩样，并用游标卡尺测出岩样高度。

（2）将制备好的岩样（同岩样模一起）装入样品室中，测杆上端插入位移传感器与样芯紧密接触，拧紧杯上盖，关闭样品室下方放空阀14。调整仪表，使位移表显示数字为0.00。

（3）打开气源阀，调节减压阀，将气体的压力调至0.5~1.0MPa，将液体由储液罐注入至样品室，关闭两者之间连通阀13。

（4）用手动泵加压，由缓冲容器注入样品室内，当样品室中的压力达到实验压力时，关闭样品室与缓冲容器之间的连通阀11，打开样品罐温度开关设定所需温度。

（5）打开电脑中的测试软件，设置好采样时间。测试筒内的样芯发生膨胀变形，数字表显示变化的数值。待数字显示稳定后，记录不同时间黏土试样的膨胀量，当膨胀量达到稳定时，停止实验。

（6）关闭总气源阀，卸去流程中的压力，待温度冷却至室温后，卸下样品室杯盖，取出岩样模，打开样品室放空阀，将测试筒内液体排干净。将测试筒部件及容器清洗干净，擦干后存放。

（7）整理好实验仪器。

五、数据处理

1. 实验数据记录

将数据记录于表 4-1 中。

表 4-1　泥页岩膨胀性测试数据

时间/min	样品高度 h_t/mm	膨胀量/mm	膨胀率 E/%

2. 绘制曲线

画出膨胀率随时间的变化曲线。

第二节　岩石可钻性的测定

一、实验目的

(1) 了解岩石的可钻性。

(2) 掌握岩石可钻性的测量方法。

二、实验原理

试样用石油钻井所取井下岩心或地面采的岩石，岩样制备成圆柱体(直径 40~100mm，高度 30~80mm)或长方体(长宽各 100mm，高度 20~100mm)，端面平行度公差值≤0.2mm，使用特制微钻头(牙轮钻头或 PDC 钻头)，以一定的钻压(牙轮钻头为 890N±20N，PDC 钻头为 500N±10N)和转速(55r/min±1r/min)在岩样上钻三个特定深度的孔(牙轮钻头为 2.4mm，PDC 钻头为 3mm)，取三个孔钻进时间的平均值为岩样的钻时(t_d)，对 t_d 取以 2 为底的对数值作为该岩样的可钻性级值 K_d，计算公式如下所示：

$$K_d = \log_2 t \tag{4-3}$$

式中　K_d——可钻性级值；

　　　t——钻进时间，s。

求得可钻性级值后，再查岩石可钻性分级标准对照表(如表 4-2 所示)进行定级。

表 4-2 岩石可钻性分级对照表

类	级	级值	钻进时间/s
I 软	一	<2	<22
	二	2~<3	22~<23
	三	3~<4	23~<24
	四	4~<5	24~<25
II 中	五	5~<6	25~<26
	六	6~<7	26~<27
	七	7~<8	27~<28
III 硬	八	8~<9	28~<29
	九	9~<10	29~<210
	十	≥10	≥210

三、实验装置

实验中使用岩石破碎性能测试仪来测量岩石的可钻性，如图 4-2 所示。

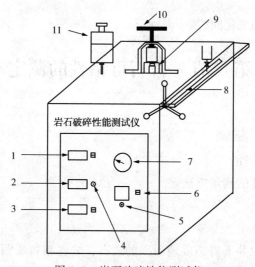

图 4-2 岩石破碎性能测试仪

1—牙轮模式；2-时间显示器；3—PDC 模式；4—清零与启动键；5—速度控制；
6—总电源开关；7—压力表；8—手摇泵；9—岩心支架；10—手柄；11—砝码

四、实验步骤

（1）安装好钻头后，将岩心支架回归原位。

（2）打开电源总开关前关闭所有钻进模式开关。打开总电源，根据钻头类型打开相应的钻进模式。打开电机调速器上的电机开关，开动电机，调电机至规定转速 55r/min，然后关闭电机开关。

（3）将准备好的试样放在岩心支架上，手轮下移，稍用力夹紧岩样，如果钻头高出岩心支架，应在轻轻夹紧岩样的同时，逆时针转动小手摇泵手轮，卸掉液压系统压力（注意：

42

要确保岩样的钻井面一定为平面)。

(4)转动手摇泵给活塞缸和储能器加压,先使钻头上移顶在岩样底面上,后顶砝码至最高点(注意:该过程中应特别注意观察压力表,不能使压力表超过0.9MPa),然后,回摇手摇泵,使砝码下行,观察压力表,停摇手摇泵后,压力能够反弹至试验规定值后即可(牙轮钻头压力0.8MPa、PDC钻头压力0.6MPa)。

(5)待压力稳定后,按清零按钮,控制器及计时器归零后按下启动开关。

(6)打开电机开关进行实验。

(7)当位移显示至规定值,电机自动停转,记录计时器显示的钻时,并关闭电机开关。

(8)逆时针缓慢转动手摇泵手柄卸压(不可太用力,以免损坏手摇泵内部零件),使压力表归零。

(9)松开旋转手轮,卸下岩样。

(10)实验结束,整理好实验仪器。

五、数据处理

1. 实验数据记录

将实验数据记录于表4-3中。

表4-3 岩石可钻性试验记录表

钻头模式		
钻时/s	1	
	2	
	3	
平均钻时/s		
岩石可钻性等级		

2. 求取岩石可钻性等级

根据表4-3中的钻进时间,结合实验原理中岩石可钻性的计算方法及分级标准,计算岩石可钻性(注意:要求列出计算过程)。

第三节 钻井液中固相含量的测定

一、实验目的

(1)掌握用蒸馏法测定钻井液固相含量的原理和方法。
(2)掌握钻井液固相含量仪的使用方法。

二、实验原理

钻井液固相含量通常是指钻井液中全部固相的体积占钻井液总体积的百分数。在蒸馏器中加热已知体积的水基钻井液样品，使其液相成分蒸发，然后将蒸汽冷凝并计量冷凝液中油相和水相体积。总的固相体积(悬浮的和溶解的)由样品总体积与液相体积的差值得到。由于任何溶解的固体将留在蒸馏器内，所以必须经过计算才能确定悬浮固相体积。

三、实验仪器

泥浆固相含量仪一台，搅拌器一台，电子天平一台。

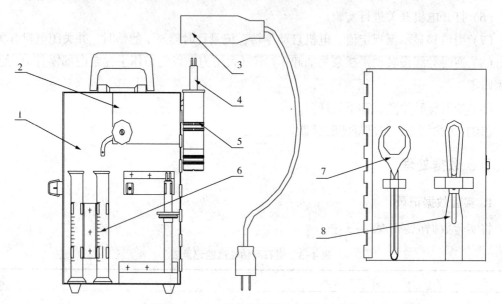

图 4-3 ZNG 型钻井液固相含量测定仪

1—箱体；2—冷凝器；3—电线接头；4—加热棒；5—蒸馏器；6—量筒；7—杯架；8—刮刀

四、实验步骤

(1) 拆开蒸馏器，用天平称量干的空泥浆杯的质量($W_{杯}$)，并记录数据。放平泥浆杯，将一定量待测钻井液充分搅拌后，慢慢倒满蒸馏器样品杯(20mL)。

(2) 盖上样品杯盖，并使过量的样品从盖子小孔中溢出，此时杯内钻井液为 20mL。擦拭干净样品杯和盖子外的溢出液，称量装满钻井液的样品杯质量($W_{杯+浆}$)。

(3) 轻轻地抬起杯盖，用刮刀将黏附在盖底面上的样品刮回样品杯中。将插有加热棒的套筒连接到蒸馏器上。

(4) 将蒸馏器的引流管插入冷凝器的孔中，然后将量筒放在引流嘴下方，以接收冷凝成液体的油和水。

(5) 接通电源，使蒸馏器开始工作，直至冷凝器引流嘴中不再有液体流出时为止(约 20~30min)，继续加热 5min。

(6) 拆下电源线，用专用工具杯架套住蒸馏器，用力取下蒸馏器，待蒸馏器和加热棒完全冷却后，将其卸开。用铲刀刮去蒸馏器内和加热棒上被烘干的固体，放入泥浆杯中，勿使有丢失。用天平称取泥浆杯和固体的质量($W_{杯+固}$)，并分别读取量筒中水、油的体积分数。

五、数据处理

1. 数据记录

将实验数据记录于表4-4中。

表4-4 钻井液固相含量测定数据

$W_{杯}$	$W_{杯+浆}$	蒸馏液体积分数(20mL%)	$W_{杯+固}$

2. 固相含量计算

计算固相的质量分数、体积分数和固相平均密度 γ_s

$$固相含量(质量) = \frac{W_{杯+固} - W_{杯}}{W_{杯+浆} - W_{杯}} \times 100\% \tag{4-4}$$

$$固相含量(体积) = \left(1 - \frac{蒸馏液体积}{样品体积}\right) \times 100\% \tag{4-5}$$

$$固相平均比重\ \gamma_s = \frac{W_{杯+固} - W_{杯}}{20 - 蒸馏液体积} \times 100\% \tag{4-6}$$

第四节　钻井液 API 滤失量的测定

一、实验目的

(1) 掌握钻井液 API 滤失量测定的原理和方法。
(2) 掌握气压失水仪使用方法。

二、实验原理

根据钻井液静失水基本方程,当其他因素不变时,静失水量 V_f 与时间 t 的关系可写成:

$$V_f = A\sqrt{Ct} \tag{4-7}$$

$$C = \frac{2K\Delta p\left(\dfrac{C_c}{C_m} - 1\right)}{\mu} \tag{4-8}$$

式中　A——为滤失面积,cm^2;

C_c——泥饼中的固相体积百分含量,%;

C_m——钻井液中的固相体积百分含量,%;

t——滤失时间,s;

μ——滤液黏度,$mPa \cdot s$;

K——泥饼渗透率,μm^2;

Δp——压差,atm;

V_{f}——静失水量，cm。

因此，对于任意时间 t_1，t_2

$$\frac{V_{\mathrm{f2}}}{V_{\mathrm{f_1}}}=\frac{\sqrt{t_2}}{\sqrt{t_1}} \tag{4-9}$$

$$V_{\mathrm{f2}}=\frac{\sqrt{t_2}}{\sqrt{t_1}}\cdot V_{\mathrm{f_1}} \tag{4-10}$$

标准的 API 失水量：是指室内在一定压差（690kPa±35kPa）作用下，通过截面积为 45cm²（直径 9cm）滤纸，在 30min 内所渗透出来的失水量，同时，在滤纸上沉积的固相颗粒的厚度称为泥饼厚度（以 mm 表示）。

由式（4-10）可知，若 t_1 为 7.5min，t_2 为 30min，则 $V_{\mathrm{f30min}}=2V_{\mathrm{f7.5min}}$，即 7.5min 的静失水量等于 30min 静失水量的一半，生产上常采用 7.5min 静失水量乘以 2 以表示 30min 静失水量。

以滤失时间的平方根 $\sqrt{t}$ 为横坐标，API 滤失量 V_{f} 为纵坐标，在直角坐标系中作曲线图，通过曲线外推会发现 V_{f} 与 $\sqrt{t}$ 的关系曲线可能并未经过原点，而是存在正截距或负截距。分析原因认为，正截距是因为泥饼没有形成之前瞬时失水量较大；负截距是因为瞬时失水量不足以充满仪器排出管和滤纸所致。瞬时失水量 V_{sp} 可以通过在 V_{f} 与 $\sqrt{t}$ 的直角坐标图中采用外推法获得，外推至时间为零对应的纵坐标值即为瞬时失水量。

考虑了瞬时失水的静失水量可以用下式表示：

$$V'_{\mathrm{f30min}}=2V'_{\mathrm{f7.5min}}+\mid V_{\mathrm{sp}}\mid \tag{4-11}$$

三、实验仪器

中压（打气筒）失水仪一台，搅拌器一台，秒表一只，滤纸、1000mL 搪瓷量杯一只。

本实验使用 ZNS-2 中压失水仪来测定钻井液的静失水量，仪器结构如图 4-4 所示，该仪器是将一定量的钻井液，注入直径为 76.2mm（3in）筒状泥浆杯中，上紧杯盖，接通气源将压力调至 0.69MPa 打开放气阀，气源进入泥浆杯中。仪器的过滤面积为 45cm²。压力是由经过调节器的气体提供。记下滤失时的时间、滤失量和留取滤饼。

四、实验方法和步骤

（1）用手堵住泥浆杯输气接头小孔处，注入一定量的（240mL）泥浆至杯内刻线处。按图 4-5 所示，依次放入滤纸、接着装入滤网座、压盖，拧紧碟形手柄。组装泥浆杯组件。

（2）检查放气阀体内 O 形密封圈（φ11×1.9）是否完好。将注入泥浆并安装完后的钻井液杯倒置，输气接头端向上装入放气阀体内使其旋转 90°。

（3）将干燥的量筒放在排出管下面的底座处，对准泥浆杯滤水口用来接收滤液。

（4）将打气筒注入压力至 1.0MPa，顺时针方向慢慢旋转减压阀组件调压器手柄，将压力调至 0.69MPa。

（5）按"进气"箭头方向，推动浮动阀芯螺帽，待指针开始波动或有气流声进入钻井液杯时，启动秒表记录滤失时间。

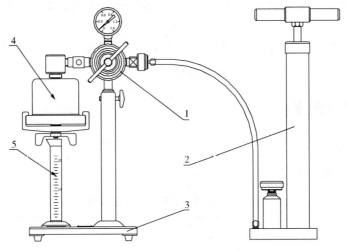

图 4-4　ZNS-2 中压失水仪

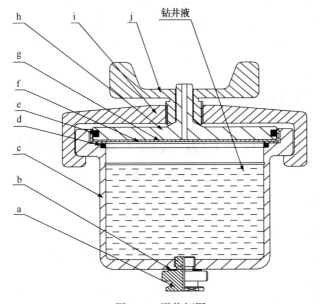

图 4-5　泥浆杯图

a—泥浆杯输气接头；b—密封圈；c—泥浆杯；d、e—密封圈；f—定性滤纸(φ90)；

g—滤网；h—滤网座；i—滤网座压盖；j—蝶形手柄

（6）测定时，若 7.5min 时的失水量小于 8mL，则应连续测量至 30min。30min 的失水量即为 API 失水量。若 7.5min 时的失水量大于 8mL，则可用 7.5min 时的失水量乘以 2，即为该钻井液的失水量，也即 API 的失水量。

（7）记录滤液的体积并作为 API 滤失量，同时记录钻井液样品的初始温度℃，滤液回收备用。

（8）测量结束，将浮动阀芯螺帽向回推（钻井液杯内余气排出）。

（9）仪器使用完后，关闭气源，放掉系统内余气。

（10）确定内部压力全部被放掉后，从支架上取下钻井液杯，小心地拆开钻井液杯，取下滤纸倒掉钻井液，尽可能地减少滤饼的损坏。用缓慢流水冲洗滤纸上的滤饼，然后记录滤饼的厚度(用游标卡尺一端插入泥饼测量)并测量失水量等。

（11）逆时针旋转调压手柄，使手柄处于自由位置。卸掉打气筒装置或减压器装置，擦净仪器，泥浆杯、密封圈等清洗干净干燥存放。

五、实验数据处理

1. 实验数据记录

将数据记录于表4-5内。

表 4-5　钻井液静失水量测定数据

	时间/min	1	2	3	4	5	6	7.5	10
累积 失水量	滤液/mL								
	时间/min	12	14	16	18	20	22	25	30
	滤液/mL								
泥饼厚度/mm									

2. 绘制曲线

绘制出泥浆累积失水量与时间平方根的关系图，并求出瞬时失水量。

第五节　钻井液漏失及堵漏实验

一、实验目的

（1）了解钻井液堵漏材料的堵漏原理。
（2）掌握室内堵漏材料评价实验装置的工作原理和使用方法。

二、实验原理

1. 钻井液漏失类型

根据漏失地层的特点，可将钻井液的漏失分为三类，见图4-6。

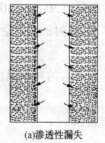
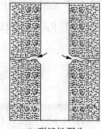

(a)渗透性漏失　　　　(b)裂缝性漏失　　　　(c)溶洞性漏失

图4-6　钻井液漏失的类型

渗透性漏失：由高渗透的砂岩地层或砾岩地层引起的钻井液的漏失。

裂缝性漏失：由裂缝性地层引起的钻井液的漏失。

溶洞性漏失：由溶洞性地层引起的钻井液的漏失。

其中，渗透性漏失的特点是漏失速度不高；裂缝性漏失的特点是漏失的速度较快；溶洞性漏失的特点是漏失速度很快。

2. 堵漏剂类型

堵漏剂能有效降低钻井过程中井漏的发生率，减少经济损失。目前国内外比较常用的堵漏剂类型有：

（1）桥接堵漏材料；

（2）高滤失堵漏材料；

（3）柔弹性堵漏材料；

（4）聚合物凝胶堵漏材料；

（5）水泥浆堵漏材料；

（6）膨胀性堵漏材料。

3. 地层的堵漏

不同的漏失地层需使用不同的堵漏材料。

（1）渗透性漏失的堵漏可用下列堵漏材料：硅酸凝胶、铬冻胶和酚醛树脂。

（2）裂缝性地层或溶洞性地层的堵漏可用下列堵漏材料：纤维性材料和颗粒性材料。

本实验所用的堵漏材料为随钻堵漏剂，其主要成分为高活性腐植酸盐及其衍生物、纤维素、植物胶、聚戊糖等。在配制好的基浆中加入 3%～5% 的堵漏剂形成试验钻井液备用。

三、实验仪器

本实验所用仪器为 DL 型堵漏材料实验装置，该装置结构（图 4-7）由主体装置、仪表和压力源三部分组成。在主体装置中，裂缝板的规定厚度为 6.4mm，直径为 44.5mm，缝长为 35mm，规定的裂缝宽度分别为 1mm、2mm、3mm、4mm、5mm，可模拟试验堵剂在不同地层裂缝宽度情况下的封堵能力。填充床套筒规定直径为 73mm、高度为 57mm，套筒底板上钻有 32 个直径为 6.4mm 的孔，套筒内可装入岩屑、玻璃球、钢珠等构成填充床，可模拟砾石渗透岩层和微孔隙地层。此装置可模拟测试不同压力下的漏失量和堵漏材料的封堵能力。试验压力可达 7.0MPa 左右。

本实验将模拟地层的裂缝性漏失，实验时将预先选定的裂缝板放入主体装置规定位置中，按规定把预制好的堵漏浆液注入堵剂罐内，旋紧罐盖，按规定开启压力源，打开球阀，在压力作用下堵漏浆液被挤入模拟的漏失通道内，如果堵剂运用得当，此时即能形成堵塞，继续加压至装置额定压力，可试验所形成堵塞的承压能力；如果堵剂运用不当，堵漏浆液将全部被挤出漏失通道。试验完成后，可卸下模拟漏失通道，观察堵剂对其封堵状况。

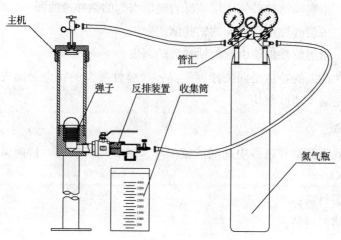

图 4-7　DL 型堵漏材料实验装置图

四、实验步骤

（1）旋下主机上端螺盖，从中取出弹子床筒。逆时针方向旋出连接螺栓，取下三通体，把选取的 1 号缝隙板（缝隙最小尺寸的一块）旋入球阀出口处，再将连接螺栓旋入扭紧，顺时针方向旋转手柄关闭气阀，逆时针方向旋下密封螺母。见图 4-8。

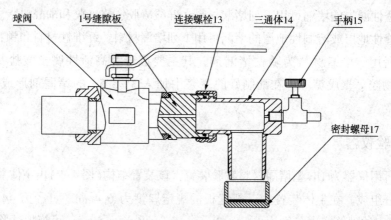

图 4-8　缝隙板安装示意图

（2）打开球阀（逆时针方向），在出口处下面放一标有刻度的收集筒，将含有试验材料的钻井液倾入套筒内，记录流出钻井液的体积。

（3）将螺盖旋入拧紧，依次将连通阀杆带螺纹端旋入螺盖内，以固定销连接三通组件。见图 4-9。[此时三通组件的放气阀应关闭，与外界不通，连通阀杆在打开位置（即顺时针方向拧紧后，再逆时针方向旋转 90°左右）。]

（4）启动计时器，顺时针旋转与三通组件对应的管汇"调压手柄"以每秒 0.014MPa 的速度加压，直至达到 0.69MPa 为止，记录排出的钻井液体积，同时观察可能发生封堵的最小压力，记录下来。

（5）以每秒 0.069MPa 的速度增加压力至 6.9MPa，或者到封堵被破坏，仪器容积中的

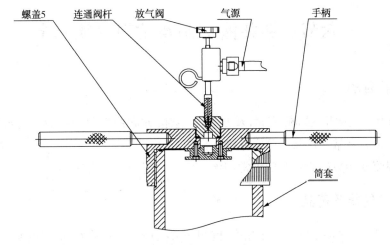

图 4-9 螺盖安装示意图

钻井液流空为止，记录流出的钻井液体积和达到的最大压力，如果封堵成功，维持该压力10min，记录最终的钻井液体积。

（6）逐步增大缝隙板号数，重复试验，直到在6.9MPa压力下无永久性封堵为止。

（7）试验结束后，首先将"连通阀杆"关闭（顺时针方向拧紧）关闭气源，由三通组件的"放气阀杆"将管内气体排出，卸下气源连管，最后（逆时针方向）慢慢地松开连通阀杆，放掉套筒内的余气。

（8）卸下螺盖，旋出连接螺栓，用清水将仪器清洗干净。

五、数据处理

1. 数据记录

将数据记录于表4-6中。

表 4-6　堵漏材料评价实验数据

缝隙板	第一阶段用时/s	第一阶段排出钻井液体积/mL	发生封堵最小压力/MPa	最大承压能力/MPa	第二阶段用时/s	最终排出钻井液体积/mL
一号缝隙板						
二号缝隙板						
三号缝隙板						

2. 堵漏效果评价

详情具体而定。

第六节　钻井液配制及常规性能测定

一、实验目的

（1）了解和掌握钻井液的配制过程及方法，学会按所需密度配制一定体积的水基钻井液。

（2）了解钻井液常规仪器的测定原理和操作方法。

（3）掌握流变参数的测定和四种常用流变模式的流变曲线绘制。

二、实验仪器及药品

泥浆密度计（见图 4-10）、漏斗黏度计（见图 4-11）、六速旋转黏度计（见图 4-12）、电动搅拌机等各一台，电热水器、搪瓷量杯、药物天平、膨润土、纯碱等。

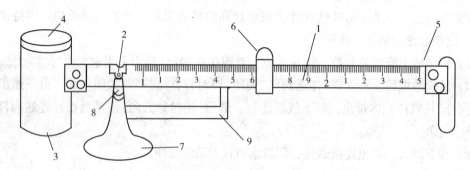

图 4-10　YM 型泥浆密度计

1—杠杆；2—主刀口；3—泥浆杯；4—杯盖；5—平衡圆柱；6—砝码；7—底座；8—主刀垫；9—挡臂

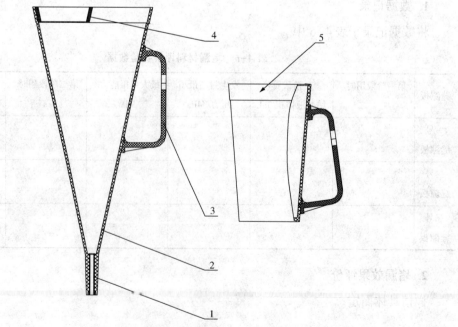

图 4-11　ZMN 型漏斗黏度计

1—导流管；2—漏斗体；3—手柄；4—12 目筛网；5—塑料盛液杯

三、实验内容与测定方法

1. 水基钻井液的配制

膨润土是分散钻井液中不可缺少的配浆材料。膨润土逐渐分散在淡水中使泥浆的黏度、切力不断增加的过程称为造浆，在添加主要处理剂之前的预水化膨润土浆常称作原浆或基浆。

配制原浆时需加入适量纯碱，目的是利用离子交换作用，将钙质膨润土转变为钠质膨润土（钙土+Na_2CO_3→钠土+$CaCO_3$↓），增强黏土颗粒的水化作用，提高分散度和黏土的造浆率。根据生产现场、大量实验积累的经验，纯碱的加入量一般约为配浆土质量的5%。在原浆中加入适量纯碱后，一般增大表观黏度，减小滤失量。如果随着纯碱加入滤失量反而增大，表明纯碱加过量。

图 4-12 ZNN 型旋转黏度计

（1）配制定量（1000mL）、定密度（1.05g/cm³）钻井液所需膨润土量（一般常用的是安丘土，密度为 2.20g/cm³）和水量

所需土量：

$$W = \frac{\rho_{土} V_{浆}(\rho_{浆} - \rho_{水})}{\rho_{土} - \rho_{水}} \tag{4-12}$$

所需水量：

$$V_{水} = \frac{V_{浆} \rho_{浆} - W}{\rho_{水}} \tag{4-13}$$

式中　$\rho_{浆}$——钻井液密度，g/cm³；

　　　$\rho_{土}$——黏土密度，g/cm³；

　　　$\rho_{水}$——配浆水密度，g/cm³，常取 $\rho_{水} = 1.00$g/cm³；

　　　$V_{浆}$——欲配钻井液体积，m³。

（2）钻井液配制

用搪瓷量杯取热水（50℃左右）1000mL，然后将搪瓷量杯放于电动搅拌器下低速搅拌，边搅拌边加入已称好的膨润土粉（注意防止土粉在杯底堆积），待土粉全部加完后，继续搅拌 2~3min，按土粉质量的 5% 称取所需的纯碱搅拌加入钻井液中，连续搅拌 10~30min 左右，直到钻井液的温度基本接近室温即可。

2. 测定钻井液密度

钻井液密度用钻井液比重秤测得的，比重秤的外观如图 4-10 所示，其测量范围为 0.96~2.5g/cm³，测量精度为 0.01g/cm³，泥浆杯容量为 140 cm³。

（1）实验测定前应对仪器进行校正

用蒸馏水注满洁净、干燥的样品杯，盖上杯盖并擦干样品杯外部，把密度计的刀口放在刀垫上，将游码左侧边线对准刻度 1.00 g/cm³ 处，观察密度计是否平衡(平衡时水平泡位于中央)，如不平衡，在平衡圆柱上加上或取下一些铅粒，使之平衡。(若游码偏离"1.00"处不远，水平泡就可居中，则可记下游码偏离 1.00 的刻度值，记为 Δ，然后进行数据处理)。

(2) 测定钻井液的密度

首先在泥浆杯中盛满钻井液，盖上计量盖，然后用棉纱布擦净从计量盖小孔溢出的钻井液。再将比重秤刀口放置在底座的刀垫上，不断移动游码，直至水平泡位居两条线的中央。此时游码左侧的刻度即表示所测量钻井液的密度。

3. 钻井液漏斗黏度的测定

漏斗黏度的 API 标准：从盛有 1500mL 钻井液的马氏漏斗中流出 946mL 钻井液所用的时间(秒)，校正时淡水的漏斗黏度(水值)为(26±0.5)s，钻井液的漏斗黏度与钻井液的塑性黏度、屈服值、以及仪器的尺寸和形状有关，可以作为一定条件下某一表观黏度的量度，能反映钻井液稠度的变化。

(1) 漏斗黏度计的校正

用自来水把漏斗和量杯冲洗干净，将 1500mL 的自来水倒入漏斗中(堵住出口)后松开漏斗出口，然后测量漏斗中自来水流出 946mL 时的时间，若时间为(26±0.5)s 则符合标准，如不合标准，则应重新清洗或更换漏斗。

(2) 钻井液漏斗黏度的测定

首先堵住漏斗出口，然后将刚搅拌好的钻井液通过筛网倒入漏斗中，然后松开漏斗出口，记录流出 946mL 钻井液的时间，以此值作为该钻井液的漏斗黏度值。为保证数据的准确性，应多测几次，然后取平均值。

4. 钻井液流变性的测定

使用 ZNN-D12B 型旋转黏度计测定钻井液的流变参数，仪器外观如图 4-12 所示。该仪器可进行多个流变参数的测量，根据多点测量值绘制流变曲线，确定液体的流型(见图 4-13)，然后选用合适的计算公式。

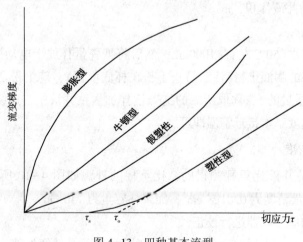

图 4-13　四种基本流型

（1）仪器测量原理

待测液体放置在两个同心圆筒的环隙空间内，电机经过传动装置带动外筒恒速旋转，借助于被测液体的黏滞性作用于内筒一定的转矩，带动与扭力弹簧相连的内筒一个角度（见图4-14）。该转角的大小与液体的黏性成正比，于是液体的黏度测量转换为内筒转角的测量。

对牛顿流体流动服从牛顿内摩擦定律；塑性流体流动服从宾汉公式；假塑性流体和膨胀流体流动服从幂函数公式。

（2）实验步骤

① 接通电源（220V 50Hz），将转换开关向上推至"高速"时，在仪器面板上按下对应的数字键，可得转速为3r/min、6r/min、100r/min、200r/min、300r/min、600r/min；将转换开关向下推至"低速"时，按下对应的数字键，可得转速为 1r/min、2r/min、10r/min、20r/min、30r/min、60r/min。

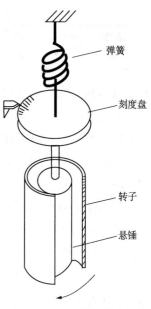

图4-14 选择黏度计示意图

弹簧
刻度盘
转子
悬锤

② 调整变速手柄以 300r/min 或 600r/min 转动时，外筒不得偏摆，否则再重新清洗后重装。

③ 检查刻度盘0位，如刻度盘指针不对0，取下护罩，松开螺钉调整手轮对正0位，然后拧紧螺钉，盖好护罩。

④ 校正仪器，把自来水倒入样品杯刻线处（350mL），立即置于托盘上，上升托盘使液面对齐外筒刻线处拧紧托盘手轮，测定 600r/min（或 300r/min）的自来水值，标准值应为 $\Phi_{600}=2$（或 $\Phi_{300}=1$）。

⑤ 把刚搅拌过的钻井液倒入样品杯中，迅速从高速到低速进行顺序测量，待刻度盘的读数稳定后，分别记录各转速（速梯）下的读数。

⑥ 静切力的测定：将上述钻井液经 600r/min 搅拌 1min，关机静置一定时间（关机后立即将变速手把调至 3r/min 那一档），当静置时间到时（开机前眼睛盯着读数窗），开机读出 3r/min 时的最大读数即可。

a. 初切力：在 600r/min 下搅拌 1min，静置 1min（或 10s），测 3r/min 下的最大读数。

b. 终切力：在 600r/min 下搅拌 1min，静置 10min，测 3r/min 下的最大读数。

⑦ 测试完后，按下指示灯亮的那个键，即最后所测速度的那个键，使仪器重新处于待机状态。然后将开关拨动至"中间"关闭电源。

⑧ 实验完后，关闭电源，松开托盘，移开样品杯，将钻井液回收备用。轻轻卸下内、外筒，相互不得擦伤，避免使悬柱弯曲。清洗内、外筒并擦干仪器

（3）数据处理

① 外筒转速与内筒上剪切速率换算按表4-7所示。

表 4-7　外筒转速与内筒上剪切速率换算表

外筒转速/(r/min)	600	300		200	100	60	30	20	10	6	3	2	1
内筒上剪切速率/s^{-1}	1022	511	340	306	170	153	102	51.1	10.2	5.1	3.1		1.5

② 仪器系数按 $C=0.511$ 计算。

a. 牛顿流体

仪器转速为 300r/min 时的读数，即为绝对黏度值。

绝对黏度 $\eta = \Phi_{600}/2$　cP　　或 $=\Phi_{300}$（读数）cP

b. 塑性流体

仪器转速为 600r/min 时读数的 1/2 为视黏度值；仪器转速为 300r/min 的读数与 600r/min 的读数之差为塑性黏度。

视黏度 $\eta_{视} = \Phi_{600}/2$　　cP

塑性黏度 $\eta_{塑} = \Phi_{600} - \Phi_{300}$　　　cP

动切力 $\tau_0 = 5.11(\Phi_{300} - \eta_{塑})$

　　或 $\tau_0 = 5.11(2\Phi_{300} - \Phi_{600})$ dyn/cm^2

静切力 $\tau_{初} = 5.11 \times \Phi_3$（静置 1min 读数）dyn/cm^2

$\tau_{终} = 5.11 \times \Phi_3$（静置 10min 读数）dyn/cm^2

c. 假塑性流体

其流动特点是有切应力就开始流动，但黏度随切应力的增大而降低，假塑性流体的流动服从幂函数，其表达式：

$$\tau = k\left(\frac{du}{dy}\right)^n \tag{4-14}$$

$$\lg\tau = \lg k + n\lg\frac{du}{dy} \tag{4-15}$$

式中　n——流性指数，其值在 0~1 之间，无量纲；

　　　k——稠度系数，Pa·s^n；

　　　τ——切应力，Pa；

　　　$\dfrac{du}{dy}$——速度梯度，s^{-1}；

流性指数 $n = 3.32\lg\dfrac{\Phi_{600}}{\Phi_{300}}$（无因次）

稠度系数 $k = \dfrac{0.511 \times \Phi_{300}}{511^n}$ Pa·s^n

四、实验数据处理

1. 实验数据记录

将实验数据记录于表 4-8、表 4-9 中。

表 4-8 静切力数据表

性能参数	符号	单位	允许误差	测定数据			
				一	二	三	平均
密度	γ	g/cm³	0.05				
漏斗黏度	T	s	±0.5				
静切力	Φ'_3	格					
	τ_{s1}	dyn/cm²					
	Φ''_3	格					
	τ_{s10}	dyn/cm²					
配浆时用土量			g	纯碱加量			g
漏斗黏度水值			s	密度Δ值			

表 4-9 流变参数计算表

	流变参数计算							
1	转速 N/(r/min)		600	300	200	100	6	3
2	速度梯度 D/s⁻¹		1022	511	340.7	170.3	10.22	5.11
3	清洁水值(格)				/	/	/	/
4	读值 Φ(格)	一次						
		二次						
		平均						
5	$\tau_{实}=5.11\Phi$ dyn/cm²							
6	$\tau_{宾}=\tau_0+0.01\eta_s D$ dyn/cm²							
7	$\tau_{指}=kD^n$ dyn/cm²							
8	$\tau_{卡}=[T_c^{1/2}+0.1\eta_\infty^{1/2}\cdot D^{1/2}]^2$ dyn/cm²							
9	$\tau_0=5.11\times(2\phi_{300}-\phi_{600})$ dyn/cm²							
10	$\eta_s=(\phi_{600}-\phi_{300})$ cP							
11	$n=3.322\lg(\phi_{600}/\phi_{300})$ 无因次							
12	$k=5.11\times\Phi_{300}/511^n$ dyn·S^n/cm²							
13	$\tau_c^{\frac{1}{2}}=1.51(2.45\Phi_{100}^{\frac{1}{2}}-\Phi_{600}^{\frac{1}{2}})$ dyn/cm²							
14	$\eta_\infty^{\frac{1}{2}}=1.195(\phi_{600}^{\frac{1}{2}}-\phi_{100}^{\frac{1}{2}})$ cP							

2. 实验数据处理

（1）计算表 4-9 第 6 行、第 7 行、第 8 行数据时，要分别利用第 9 行及第 10 行、第 11 行及第 12 行和第 13 行及第 2、第 4 行的数据，第 5 行数据是实测的钻井液剪切应力，第 6~第 8 行数据是按宾汉模式、指数模式、卡森模式计算的钻井液剪切应力。

（2）利用实验报告中表 4-9 第 5 行数据，在直角坐标系中绘制出实测的钻井液流变曲线。

（3）利用表 4-9 中第 6~第 8 行数据，在上述直角坐标系中绘出宾汉曲线、指数曲线、卡森曲线。分析这三条流变曲线与实测流变曲线的吻合程度。

第七节　钻井液润滑性测定

一、实验目的

（1）了解钻井液的润滑性及其测定方法。
（2）掌握摩擦系数测定仪的原理和使用方法。

二、实验原理

钻井液的润滑性一般包括滤饼润滑性和钻井液流体自身的润滑性，是评价钻井液润滑性能的两个主要技术指标。钻井液润滑性好，可以减少钻头、钻具及其他配件的磨损，延长使用寿命，减小钻柱的摩擦阻力，缩短起下钻时间，能用较小的动力转动钻具，同时可以防止黏附卡钻，减少泥包钻头，易于处理井下事故等。

多数润滑性能测定仪的基本原理都是通过测定滑动摩擦系数，或通过测定转动面和静止面之间的扭矩，或通过测定旋转静止表面的液层所需动力来表示润滑性能。因此，通常以摩擦系数、扭矩及转动动力作为评价钻井液润滑性能的指标。

三、实验仪器及工作原理

本次实验使用仪器为滑板式泥饼摩阻系数测定仪，如图 4-15 所示，在仪器台面倾斜的条件下，放在泥饼上的滑块受到向下重力的作用，当滑块的重力克服泥饼的黏滞力后开始滑动。根据牛顿摩擦定律摩擦系数 $f = F/p$，设滑块质量为 W、其分力与斜面平行者为 F，即摩擦力；垂直者为 p，即正压力，由三角关系（见图 4-16）得 $F = W\sin\alpha$，$p = W\cos\alpha$。

图 4-15　滑板式泥饼摩阻系数测定仪　　　　图 4-16　滑块受力示意图

在滑块开始下滑时的摩擦系数：

$$f = \frac{W\sin\alpha}{W\cos\alpha} = \tan\alpha \qquad\qquad (4-16)$$

泥饼的摩擦系数等于 $\tan\alpha$，即泥饼的摩擦系数为仪器所测黏滞系数。

四、实验步骤

（1）接通黏滞系数测定仪的电源，预热 15min，并检查电机、清零及显示屏工作是否正常。

（2）通过手动调节测试板和仪器箱底的升降螺母使仪器测试板水平泡居中。

（3）按清零按钮将数字显示屏归零。

（4）测定基浆的滤失量后，将泥饼平整地放置在测试板上，将长方体滑块以垂直于测试者身体方向，缓慢地放置在泥饼的中心位置，并静置 1min。

（5）按下电机按钮，电机带动传动机构，使测试板开始以一定速率缓慢地倾斜。

（6）当滑块开始与泥饼出现相对滑动时，立即记录下此时显示屏的读数。此读数的正切值即为泥饼的黏滞系数。

（7）换另一块滑块重复上述实验步骤，并记录旋转角度。

（8）实验结束后，用刮刀将泥饼铲下，并擦拭干净。

五、数据处理

将数据记录于表 4-10 中。

表 4-10　泥浆润滑性测试数据记录表

项目（基浆）	滤失量/mL	泥饼厚度/mm	润滑仪计数	润滑系数
1				
2				

第五章 采油工程实验

第一节 气液两相垂直管流实验

一、实验目的

（1）观察垂直井筒中出现的各种流型，判别流型。

（2）了解气举采油的举升原理。

二、实验原理

油井在自喷生产阶段，当井筒中的压力低于饱和压力时，溶解在原油中的天然气从原油中析出，井筒内的流动变为油气两相流；当边底水侵入气藏后，地层水与天然气流入井筒，在气井中会出现气、水两相流。根据流态的不同，气液两相流的主要流型分为泡状流、段塞流、环状流、雾状流等。

气举排水的原理是通过向井筒注入高压气体，使气体和液体在井筒中混合，通过气体的膨胀使混合液密度降低，从而将液体采出地面。不同雷诺数下的流体对应不同的流型，流型不同，举升能力不同。实验以空气和水作为流体，通过调压阀控制空气流量和气、水比例，可以在透明的有机玻璃管中展现各种流型，模拟不同流态下的气体携液能力。

三、实验仪器

实验流程见图5-1。

四、实验步骤

（1）检查流程上的阀门，确保所有阀门关闭。

（2）向储液罐中加水至四分之三液位高度。

（3）打开空气压缩机，将储气罐中的压力增压至0.5MPa。

（4）打开储液罐的出口阀，使液体流入模拟井筒。

（5）打开气路流程上的阀门，并用减压阀逐步调大气量，观察各种流量下的流型，并记录下井底压力、气体流量以及产液量，测10个以上气体流量和产液量数据点，绘制产液量 q_w 与气体流量 q_g 的关系曲线。

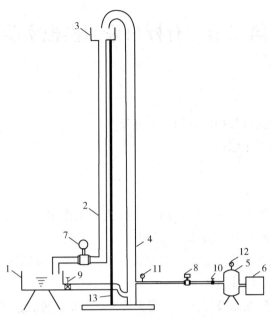

图 5-1　气液两相垂直管流实验装置示意图

1—储水箱；2—排水管；3—排水箱；4—透明垂直管；5—储气罐；6—空气压缩机；
7—液体流量计；8—气体流量计；9、10—调节阀；11、12—压力计；13—支柱

五、数据处理

1. 实验记录

将数据记录于表 5-1 中。

表 5-1　气液两相管流实验数据

序　　号	井底压力 p_{wf}/MPa	注气流量 q_g/(m³/d)	水流量 q_w/(m³/d)

2. 绘图

（1）绘制各种流型图。

（2）绘制流量 q_w-q_g 曲线，并根据曲线分析如何充分利用气体能量进行排水。

第二节 有杆泵采油模拟实验

一、实验目的

（1）观察游梁式抽油机及抽油泵的工作过程。

（2）了解抽油机的工作原理。

二、实验原理

抽油机带动泵的活塞上行时，游动阀在油管内液压作用下关闭，排出液体，同时，由于泵内压力下降，固定阀打开，液体进入泵内。

当抽油杆下行时，泵内液体受压，固定阀关闭，泵内的液体压力高于游动阀上部液体压力时，游动阀被顶开，液体进入油管。

由于管、杆的弹性压缩以及气体、阀漏失等影响，泵效很难达到100%。通过用泵的实际排量除以理论排量，可以求得泵效。

泵的理论排量可用下式表示：

$$Q_{理} = \pi r_p^2 L_p S_p \tag{5-1}$$

泵的实际排量为：

$$Q_{实} = \frac{V}{t} \tag{5-2}$$

根据实际排量和理论排量，可求得泵效：

$$\eta_p = \frac{Q_{实}}{Q_{理}} \tag{5-3}$$

式中 r_p——泵的柱塞直径，cm；

L_p——冲程，cm；

S_p——冲次，次/min；

V——时间 t 内泵排出的液量，cm³；

$Q_{理}$——泵的理论排量，cm³/s；

$Q_{实}$——泵的实际排量，cm³/s；

η_p——泵效。

三、实验仪器

抽油机模型、井筒模型、抽油泵(柱塞直径为30mm)、液体计量装置、水管等。实验流程见图5-2。

四、实验步骤

（1）向储液罐中加水至四分之三液位高度。

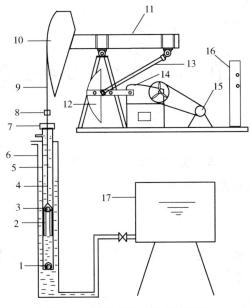

图 5-2 游梁式抽油机实验装置

1—固定阀；2—柱塞；3—游动阀；4—抽油杆；5—油管；6—套管；7—盘根盒；8—悬绳器；9—钢丝绳（毛辫子）；
10—驴头；11—游梁；12—曲柄；13—连杆；14—减速箱；15—电动机；16—控制器；17—储液箱

（2）打开液罐至抽油机井筒底部的阀门，使液体进入井筒，确保有一定的沉没度。

（3）将井口出液流程上的阀门打开。

（4）启动控制面板上的总电源开关和抽油机启动开关，使抽油机工作。

（5）点击液体测量按钮，开始测取液体产量。

（6）观察抽油机的工作过程和泵的工作过程。

（7）观测抽油机的冲次。

（8）获得所需数据后，关闭电源，将实验仪器恢复原状。

（9）实验结束。

五、数据处理

（1）将数据记录于表 5-2 内。

表 5-2 抽油实验记录

冲次：	泵筒柱塞直径：	冲程：
时间		液量

（2）计算泵效。

（3）绘制抽油杆上行和下行时泵筒工作图。

第三节 裂缝导流能力测定实验

一、实验目的

（1）了解裂缝导流能力仪器的实验原理及实验流程。

（2）掌握裂缝导流能力的测定方法。

二、实验原理

应用达西公式测得裂缝的渗透率，然后再测取裂缝宽度，通过裂缝渗透率与裂缝的宽度乘积来确定裂缝的导流能力。

液测裂缝导流能力计算式为：

$$KW_f = \frac{Q\mu L}{b\Delta p} \tag{5-4}$$

式中　KW_f——支撑裂缝液测导流能力，$\mu m^2 \cdot cm$；

Q——液体流量，cm^3/s；

μ——液体黏度，$mPa \cdot s$；

L——上下游测压孔之间的距离，cm；

Δp——上下游压差，MPa；

b——导流室宽度，cm。

三、实验装置(图 5-3)

裂缝导流仪

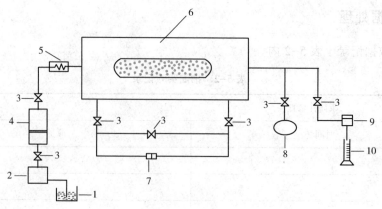

图 5-3　裂缝导流能力测量实验流框图

1—储水器；2—平流泵；3—阀门；4—中间容器；5—预热器；

6—导流室；7—压差变送器；8—真空泵；9—回压阀；10—量筒

四、实验步骤

1. 导流室空白试验，空样品室标定

（1）将导流室上、下活塞、密封圈、金属板装入导流室，不加支撑剂。

（2）将安装好的导流室放在液压机两平板之间。

（3）打开油泵开关升压至小于第一个闭合压力以下某个压力停泵，关油泵截止阀。

（4）打开自动开关，开补偿泵电源，补偿泵自动升压至第一个闭合压力停泵。

（5）调节位移传感器，使位移显示为10mm左右。

（6）用卡尺测量导流室上压板至导流室上表面距离。

（7）补偿泵按设定好的程序，依次加载至每个闭合压力，计算机自动采集各闭合压力下的位移量，作为测量支撑剂充填厚度的基础值。

2. 导流室的准备

（1）在液体进口、出口及每一个测压孔放入一个不锈钢滤网。

（2）将带有密封圈的底部活塞放入导流室内。

（3）将一片金属板放在底部活塞的上面。

（4）在导流室内加入一定量的支撑剂。

（5）用刮平工具将实验用的支撑剂刮平。

（6）将另一片金属板放在刮平的支撑剂上面。

（7）将带有 O 形圈的活塞放入导流室内。

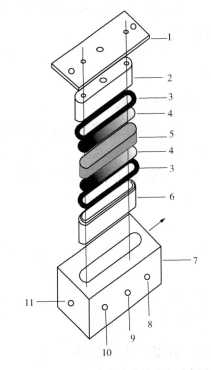

图 5-4　导流能力实验的导流室示意图
1—上承压板；2—上活塞；3—密封圈；4—金属板；
5—支撑剂充填层；6—下活塞；7—导流室主体；
8—测压孔（低压）；9—测温孔；10—测压孔（高压）；
11—进液口

（8）将安装好的导流室放在液压机两平板之间。

（9）打开油泵开关升压至小于第一个闭合压力以下某个压力，停泵、关油泵截止阀。

（10）打开自动开关，开补偿泵电源，补偿泵自动升压至第一个闭合压力停泵。

（11）用游标卡尺测量导流室上压板到导流室上表面距离。

3. 抽空饱和水

（1）关闭阻尼器上阀门，回压阀加上控制压力，打开导流室测压孔阀，真空泵阀。

（2）打开真空泵对导流室抽空。

（3）抽空30min左右，打开阻尼器上进液阀，并打开平流泵，向导流室注试验介质（阻尼器里预先注满试验介质）。

（4）继续抽空，从真空缓冲容器中看到有试验介质流出时，关真空泵、关抽真空阀，继续饱和水。

（5）将回压阀控制压力放空，直到回压阀出口有试验介质流出，且流量恒定时，饱和水结束。

4. 导流能力测试

（1）将实验参数包括各闭合压力、测试流量、承压时间等输入计算机。

（2）接通平流泵、位移计、天平、补偿泵电源、将自动手动开关打开自动位置。

（3）点试验开始键，仪器按预先设定好的程序依次测定各闭合压力下的导流能力渗透率。

5. 加热

（1）打开加热开关，在温控仪上设定好所需温度，温控仪自动控制导流室加热至所需温度。

（2）导流室的进、出口各有一个温度传感器，用来测定进、出口温度，参与导流能力及渗透率的计算。

五、数据分析与处理

1. 计算闭合压力

$$p_{闭合} = \frac{加压载荷}{铺有支撑剂的岩心面积} \qquad (5-5)$$

2. 计算裂缝导流能力

根据式(5-1)，求取裂缝导流能力。

第六章　提高原油采收率实验

第一节　聚合物驱阻力系数和残余阻力系数的测定实验

一、实验目的

（1）掌握聚合物阻力系数和残余阻力系数的测定方法。

（2）加深学生对聚合物提高流体黏度，降低驱替相流度，提高采收率机理的理解。

二、实验原理

流度是指多孔介质的有效渗透率与流体黏度的比值，流度反映了流体在多孔介质中流动的难易程度。聚合物阻力系数是指在聚合物溶液驱替过程中，水的流度与聚合物溶液流度之比，阻力系数反映了聚合物降低驱动介质的流动能力。聚合物阻力系数表达式为：

$$R_f = \frac{\lambda_w}{\lambda_p} \tag{6-1}$$

式中　R_f——聚合物阻力系数；

λ_w——水的流度，$\mu m^2/(Pa \cdot s)$；

λ_p——聚合物的流度，$\mu m^2/(Pa \cdot s)$。

聚合物残余阻力系数是指聚合物溶液流过岩心前后用地层水测得的渗透率之比，残余阻力系数反映了聚合物溶液降低多孔介质渗流的能力。

$$R_w = \frac{K_{wb}}{K_{wa}} \tag{6-2}$$

式中　R_w——残余阻力系数；

K_{wb}——注聚合物之前的水测渗透率，μm^2；

K_{wa}——注聚合物后的水测渗透率，μm^2。

三、实验装置(图 6-1)

四、实验步骤

（1）用游标卡尺量取岩心长度和直径，取三个不同位置测三次，取其平均值，记录岩心尺寸。

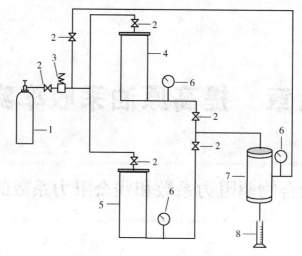

图 6-1　聚合物驱实验流程图

1—气瓶；2—阀门；3—减压阀；4—储水罐；5—储聚罐；6—压力表；7—岩心夹持器；8—量筒

（2）将岩心装入岩心夹持器中密封，检查控制面板上所有阀门是否处于关闭状态。

（3）打开环压阀，对岩心夹持器加环压。

（4）测水的流度 λ_w：打开进水阀和出水口阀，调节调压阀，将压力调至岩心夹持器出口端有水流出为止（保持环压始终大于驱替压力），待出口端流量、压力稳定后测量水流量 Q_{wb} 和压差 Δp_{wb}，然后调节调压阀将压力由高到低每次递减 0.025MPa，每降压一次，待出口端流量稳定后测其流量 Q_{wb} 和相对应的压差 Δp_{wb}，共测四组 Q_{wb}、Δp_{wb}，记录于数据表中。

（5）关闭进水阀与出水阀，调节调压阀使水上游压力表归零。

（6）测聚合物溶液的流度 λ_p：打开进聚阀和出聚阀。调节调压阀，将压力调至岩心夹持器出口端有聚合物溶液流出为止（保持环压始终大于驱替压力）。待出口端流量稳定后测量流量 Q_p，记录聚合物液上游压力表读数 Δp_p，然后调节调压阀将压力由低到高每次递增 0.05MPa，每增压一次，待出口端流量稳定后测其流量 Q_p 和相对应的压差 Δp_p，共测四组 Δp_p、Δp_p 记录于数据表中。

（7）关进聚阀，关出聚口阀。调节调压阀使聚合物上游压力表归零。开进水阀，打开出水口阀，调节调压阀，将压力调至岩心夹持器出口端有水流出为止（保持环压始终大于驱替压力），待出口端流量 Q_{wa}、压差 Δp_{wa} 稳定后调节调压阀将压力由高到低每次递减 0.025MPa，待出口端流量稳定后测四组流量 Q_{wa} 和压差 Δp_{wa} 记录于数据表中。

（8）关进水阀和出水阀，用调压阀将压力调为零，关环压阀，卸掉环压，取出岩心，清洗岩心夹持器，结束实验。

五、数据处理

1. 实验数据记录

将数据记录于表 6-1 中。

表 6-1　阻力系数与残余阻力系数测定实验数据

岩心长度：		岩心直径：		聚合物黏度：		水的黏度：	
注水(注聚合物前)		注聚合物		注水(注聚合物后)			
压差/MPa	流量/(cm³/s)	压差/MPa	流量/(cm³/s)	压差/MPa	流量/(cm³/s)		

2. 计算阻力系数

根据式(6-1)求阻力系数。

3. 计算残余阻力系数

根据式(6-2)求残余阻力系数。

第二节　最低混相压力细管实验

一、实验目的

(1) 获得油气驱替时的最小混相压力。

(2) 通过实验加深学生对注气提高原油采收率机理的理解。

二、实验原理

通过细管内充填一定粒径范围的砂粒，模拟多孔介质，可以减小流度比、非均质性、重力分异等因素造成的影响。驱替效率随混相程度的增加而增加，当达到混相后驱油效率变化很小。通过改变驱替压力，获得 1.2PV 下的驱油效率与驱替压力的关系曲线，曲线拐点所对应的压力即为最低混相压力。

三、实验装置(图 6-2)

技术参数：

盘管：外径为 3mm，内径为 1mm；长度为 3000mm。

测试压力：0~40MPa；测试温度：室温~150℃。

四、实验步骤

(1) 清洗细管模型。用一定体积的溶剂(如甲苯、石油醚等)清洗细管模型，清洗干净后用高压氮气吹干细管中的溶剂。然后用氮气对实验流程进行密封性检查，确保装置不漏气。

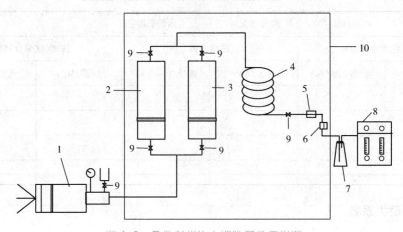

图 6-2 最低混相压力细管实验流程图

1—电动泵；2—原油储存器；3—注入剂储存器；4—细管模型；5—高压观察窗；
6—回压阀；7—分离瓶；8—气量计；9—阀门；10—恒温箱

（2）抽空细管，当真空度达到133Pa后，再连续抽空2~5h。

（3）测定孔隙体积。将抽真空的填砂细管完全饱和航空煤油，测定填砂细管孔隙度。

（4）利用航空煤油做驱替介质，测定细管的渗透率。

（5）将温度和压力恒定至实验温度和压力，将回压阀设置至实验所需压力。然后用原油驱替航空煤油，驱替速度为60~90cm³/h，使原油完全饱和细管（细管出口与入口的流体组分相同时，停止驱替），实验压力需高于地层原油的饱和压力。

（6）将注入气体充入气缸，加压到一定的注入压力，注入压力高于实验压力0.05~0.1MPa。

（7）在实验温度、实验压力下，恒定注入速度，用驱替泵将气体注入细管中，驱替速度一般为6~15cm³/h。

（8）在注气过程中，每注入0.1~0.15PV气体时，记录一次注入气体量、产出油量、泵的读数、注入压力、回压等数据，并注意观察高压可视窗中流体的相态与颜色变化。

（9）如果采收率小于95%，改变注入压力，重复上述步骤（5）~（7），直至原油采收率高于95%。

（10）当累积进泵超过1.2PV或不再产油后，停止驱替。

（11）绘制各次实验注入1.2PV时驱油效率与注入压力的关系曲线，混相与非混相段曲线的交点所对应的注入压力即为在油藏温度下的最低混相压力。

（12）所有实验仪器恢复原状，结束实验。

五、数据处理

1. 实验数据记录

将实验数据记录于表6-2中。

表 6-2 第_____次细管实验数据(实验温度:　　　实验压力:　　　)

注入孔隙体积倍数/PV	气油比/(cm³/cm³)	驱替压差/MPa	产油量(脱气油)/cm³

2. 计算驱油效率

驱油效率的计算可用下式表示:

$$E_{di} = \frac{V_{oi}B_{oi}}{V_p} \times 100\% \qquad (6-3)$$

式中　E_{di}——第 i 次注入孔隙体积倍数时的驱油效率,以百分数表示;

　　　V_{oi}——第 i 次注入孔隙体积倍数时的累积采出脱气油的体积,cm³;

　　　B_{oi}——在实验温度和压力下地层原油的体积系数,无因次;

　　　V_p——在实验温度和压力下的细管模型总孔隙体积,cm³。

3. 确定最小混相压力

根据式(6-3)计算驱油效率,将注入 1.2PV 时的驱油效率与驱替压力记录于表 6-3 中,并绘制注入 1.2PV 时的驱油效率与驱替压力曲线,曲线拐点所对应的压力即为最低混相压力。

表 6-3 最低混相压力细管实验数据

实 验 序 号	实 验 温 度	注 入 压 力	注入 1.2PV 时的驱油效率
最低混相压力/MPa			

第七章 岩心驱替实验

第一节 水驱油特征实验

一、实验目的

（1）了解束缚水饱和度建立的实验原理及操作过程，掌握束缚水饱和度的计算方法。

（2）掌握水驱油实验设备的工作原理与操作方法。

（3）获得水驱特征曲线及驱油效率。

二、实验装置（图7-1）

实验仪器：岩心真空饱和仪、游标卡尺、真空泵、岩心夹持器、恒流泵、活塞容器、量筒等。

实验介质：地层水、原油。

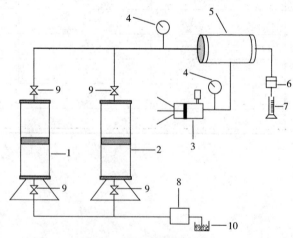

图 7-1　水驱油实验流程图

1—活塞容器(储水)；2—活塞容器(储油)；3—高压泵；4—压力表；5—岩心夹持器；
6—回压阀；7—量筒；8—平流泵；9—阀门；10—储水瓶

三、实验原理

模拟油藏的二次运移过程，利用原油驱替地层水，最后残余在岩样中不能流出的地层水即为束缚水，根据饱和地层水体积与产出地层水体积之差，可获得束缚水体积，从而得到束缚水饱和度。然后再通过水驱油，模拟注水驱油过程。

四、实验步骤

（1）准备实验液体。准备岩心所处环境中的地层水，如无地层水，则配置 KCl 浓度为 8% 的盐水；模拟油配置：将脱气后的原油进行脱水、过滤，然后加入一定量的煤油，搅拌均匀后测量模拟油的密度，模拟油密度需与地层原油密度相同。

（2）将岩样洗油、烘干后，在空气中称重。

（3）测量岩样的直径和长度，并做好记录。

（4）将岩心抽真空，加压饱和实验盐水。

（5）将饱和盐水的岩样取出，在空气中称重。

（6）将饱和盐水的岩心装入夹持器中，按实验流程连接管线。

（7）加环压至 2MPa。

（8）用模拟油驱替岩样中的盐水，并调整环压，始终保持环压大于驱替压力 $1.5 \sim 2$MPa。

（9）当岩样出口端无水产出后，继续注入 3PV 的模拟油，测量驱替出来的水量，计算岩样束缚水饱和度。

（10）采用设计的速度用配置好的实验盐水注入岩样，进行水驱油，并记录时间、岩心入口压力、出口压力、注水量、产水量、产油量、见水时间、见水时的累积产油量。

（11）当出口端含水率达到 98% 时，结束驱替实验。

五、数据处理

1. 实验数据记录

将实验中所测的数据记录于表 7-1、表 7-2 中。

表 7-1　建立束缚水过程的实验记录

干燥岩样质量 m_1/g	100%饱和水岩样质量 m_2/g	最终驱出的水体积 V_e/cm³

表 7-2　水驱油过程的实验记录

岩心入口压力：　　岩心出口压力：　　见水时间：　　见水时累计产油量：

时间	注水量	产油量	产水量

2. 利用记录的数据求束缚水饱和度和驱油效率

（1）束缚水饱和度的计算式

$$S_{wc} = \frac{m_2 - m_1 - V_e \rho_w}{\rho_w V_p} \qquad (7-1)$$

（2）驱油效率的计算式

$$E_d = \frac{1 - S_{wc} - S_{or}}{1 - S_{wc}} \qquad (7-2)$$

$$S_{or} = \frac{(1 - S_{wc}) V_p - V_o}{V_p} \qquad (7-3)$$

式中　S_{wc}——束缚水饱和度；

m_2——100%饱和水的岩样质量，g；

m_1——干燥岩样质量，g；

V_e——油驱水过程中驱出的最终水体积，cm^3；

ρ_w——地层水的密度，g/cm^3；

V_p——岩样孔隙体积，cm^3；

S_{or}——残余油饱和度；

V_o——水驱油过程中驱出的油体积，cm^3；

E_d——驱油效率。

第二节　储层敏感性评价实验

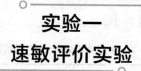

实验一
速敏评价实验

一、实验目的

（1）掌握速敏的实验评价方法。

（2）了解速敏对储层的伤害机理。

二、实验原理

改变注入流体速度，然后根据达西定律测定岩样的渗透率变化，以此来确定临界流速以及流速对岩样渗透率的损害程度。

三、实验装置(图 7-2)

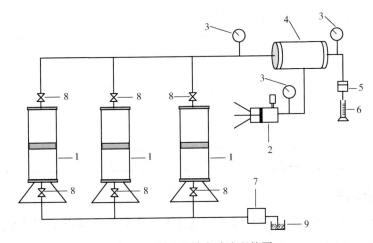

图 7-2 岩心流动实验流程简图

1—活塞容器(储水、酸、碱);2—高压泵;3—压力表;4—岩心夹持器;

5—回压阀;6—量筒;7—平流泵;8—阀门;9—储水瓶

四、实验步骤

(1)准备实验盐水。实验盐水一般根据评价区块地层水分析资料室内配置,如果地层水资料未知,可用矿化度 8%的标准盐水或氯化钾溶液。

(2)采用气测法测得岩样渗透率。

(3)对岩样进行抽真空,然后使岩样完全饱和实验盐水。

(4)将饱和实验盐水的岩心装入岩心夹持器中,岩样的液流方向应与气测渗透率时的方向相同。

(5)对夹持器加环压,并始终保持环压大于驱替压力 2MPa。

(6)管线排气,当岩心夹持器的入口管线端有水排出时,再将夹持器入口管线与夹持器连接好。

(7)按照 0.10mL/min,0.25mL/min,0.5mL/min,0.75mL/min,1.0mL/min,1.5mL/min,2.0mL/min,3.0mL/min,4.0mL/min,5.0mL/min,6.0mL/min 的流量,依次进行测定。但当岩样的气测渗透率大于 500mD 时,初始流量选 0.25mL/min。当测出临界流速后,流量间隔可以增大。

(8)对于低渗透岩样,若流量未达到 6mL/min,而压力梯度已大于 3MPa/cm,可结束实验。

五、数据处理

1. 数据记录

将实验测试数据记录于表 7-3 中。

表 7-3　速敏实验数据记录

岩样直径：	岩样长度：	实验温度：	气测渗透率：
液体名称：	液体黏度：	矿化度：	

流量	岩样压差	岩心表观流速

2. 绘制实验曲线

应用达西公式计算渗透率，然后以不同流速下对应的岩样渗透率与初始渗透率的比值为纵坐标，以流速为横坐标，绘制曲线，确定临界流速。

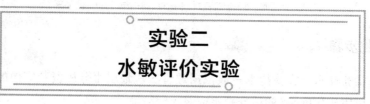

实验二
水敏评价实验

一、实验目的

（1）掌握水敏的实验评价方法。
（2）了解水敏对储层的伤害机理。

二、实验原理

通过测定三种不同盐度（地层水、矿化度只有地层水一半的盐水、蒸馏水）的水通过岩心时的渗透率，以此来确定水对岩样渗透率的损害程度。测试过程中的流速低于临界流速。

三、实验装置

与速敏评价实验装置相同，见图 7-2。

四、实验步骤

（1）准备实验盐水。首先配置初始实验盐水，初始实验盐水一般根据评价区块地层水分析资料室内配置，如果地层水资料未知，可用矿化度为 8% 的标准盐水或氯化钾溶液作为初始盐水。然后配置矿化度为初始实验盐水矿化度一半的中间实验盐水。
（2）采用气测法测得岩样渗透率和孔隙度。

（3）对岩样进行抽真空，然后使岩样完全饱和初始实验盐水。

（4）将饱和初始实验盐水的岩心装入岩心夹持器中，岩样的液流方向应与气测渗透率时的方向相同。

（5）对夹持器加环压，并始终保持环压大于驱替压力2MPa。

（6）管线排气，当岩心夹持器的入口管线端有水排出时，再将夹持器入口管线与夹持器连接好。

（7）用初始实验盐水驱替岩样，稳定后测得岩样渗透率。驱替流速应小于临界流速。

（8）用10~15PV的中间实验盐水驱替岩样，驱替速度与初始速度相同。

（9）停止驱替，将岩样在中间实验盐水中浸泡12h以上。

（10）用中间实验盐水驱替岩样，待稳定后测得渗透率。

（11）用10~15PV的蒸馏水驱替岩样，驱替速度与初始速度相同。

（12）停止驱替，将岩样在蒸馏水中浸泡12h以上。

（13）用蒸馏水驱替岩样，待稳定后测得渗透率。

五、数据处理

1. 数据记录

将实验数据记录于表7-4中。

表7-4　水敏实验数据记录

岩样直径：		岩样长度：	实验温度：	气测渗透率：
液体黏度：		矿化度：	孔隙度：	
液体类型		流量		岩样压差
初始实验盐水				
中间实验盐水				
蒸馏水				

2. 绘制实验曲线

应用达西方程计算渗透率，然后以不同盐水下的岩样渗透率与初始渗透率的比值为纵坐标，以液体类型为横坐标，绘制水敏评价实验柱状图。

实验三
盐敏评价实验

一、实验目的

（1）掌握盐敏的实验评价方法。

（2）了解盐敏对储层的伤害机理。

二、实验原理

通过从大到小不断降低水的盐度（地层水、中间流体、蒸馏水），来测定这些水通过岩样时的渗透率，以此确定盐度对岩样渗透率的损害程度。测试过程中的流速低于临界流速。

盐度逐渐降低的盐敏实验，是在水敏的基础上实施的。如果水敏实验中蒸馏水对岩样的损害率小于 20%，则不需要进行盐度降低的盐敏实验。

三、实验装置

与速敏评价实验装置相同，见图 7-2。

四、实验步骤

（1）准备实验盐水。首先配置初始实验盐水，初始实验盐水一般根据评价区块地层水分析资料室内配置，如果地层水资料未知，可用矿化度为 8% 的标准盐水或氯化钾溶液作为初始盐水。然后按照盐度从大至小的顺序配置若干份不同矿化度的中间实验盐水，在水敏实验中若两种矿化度盐水的损害率大于 20%，则需要选择至少四种矿化度浓度的盐水进行实验。

（2）采用气测法测得岩样渗透率和孔隙度。

（3）对岩样进行抽真空，然后使岩样完全饱和初始实验盐水。

（4）将饱和初始实验盐水的岩心装入岩心夹持器中，岩样的液流方向应与气测渗透率时的方向相同。

（5）对夹持器加环压，并始终保持环压大于驱替压力 2MPa。

（6）管线排气，当岩心夹持器的入口管线端有水排出时，再将夹持器入口管线与夹持器连接好。

（7）用初始实验盐水驱替岩样，稳定后测得岩样渗透率。驱替流速应小于临界流速。

（8）用 10~15PV 的中间实验盐水（盐度仅次于初始实验盐水）驱替岩样，驱替速度与初始速度相同。

（9）停止驱替，将岩样在该中间实验盐水中浸泡 12h 以上。

（10）用该中间实验盐水驱替岩样，待稳定后测得渗透率。

（11）按照实验盐水浓度的设计，重复步骤（8）~（10），测定不同盐度下的岩样渗透率。

（12）停止驱替，将岩样在蒸馏水中浸泡 12h 以上。

（13）用蒸馏水驱替岩样，待稳定后测得渗透率。

五、数据处理

1. 数据记录

将实验数据记录于表 7-5 中。

表 7-5　盐敏实验数据记录

岩样直径:		岩样长度:		实验温度:		气测渗透率:	
液体黏度:		矿化度:		孔隙度:			
盐水浓度			流量			岩样压差	
初始实验盐水							
中间实验盐水 1							
……							
中间实验盐水 n							

2. 绘制实验曲线

根据达西方程求得渗透率，然后以不同矿化度下的岩样渗透率与初始渗透率的比值为纵坐标，以盐水矿化度为横坐标，绘制盐敏评价实验曲线。

实验四
酸敏评价实验

一、实验目的

（1）掌握酸敏的实验评价方法。

（2）了解酸敏对储层的伤害机理。

（3）确定酸液对储层的伤害程度。

二、实验原理

储层岩石中含有含铁矿物，易形成铁的氢氧化物沉淀，当 pH 值升高时，铁离子会产生不溶于水的氢氧化物，堵塞地层。土酸中的 F^- 可与 Ca^{2+}、Mg^{2+} 反应，生成不溶性的 CaF_2、MgF_2，同时石英也可以与氢氟酸反应生成氟硅酸盐和水化硅凝胶，造成孔隙堵塞。另外，酸化后释放出的黏土颗粒会发生膨胀、运移，堵塞地层，从而降低渗透率。通过测定酸化前后岩样的渗透率，可以评价酸对岩样的伤害程度。

三、实验装置

与速敏评价实验装置相同，见图 7-2。

四、实验步骤

（1）准备实验盐水与酸液。一般根据评价区块地层水分析资料室内配置，如果地层水资料未知，可用矿化度为 8% 的标准盐水或氯化钾溶液作为实验盐水。实验酸液若无特殊要求，可选择15%的 HCl 或 12%HCl+3%HF。

（2）采用气测法测得岩样渗透率和孔隙度。

（3）对岩样进行抽真空，然后使岩样完全饱和实验盐水。

（4）将饱和实验盐水的岩心装入岩心夹持器中，岩样的液流方向应与气测渗透率时的方向相同。

（5）对夹持器加环压，并始终保持环压大于驱替压力2MPa。

（6）管线排气，当岩心夹持器的入口管线端有水排出时，再将夹持器入口管线与夹持器连接好。

（7）用配置好的实验盐水驱替岩样，稳定后测得岩样渗透率。驱替流速应小于临界流速。

（8）对于砂岩样品，反向往样品注入(0.5~1.0)PV 酸液；对于碳酸盐岩，反向往样品注入(1.0~1.5)PV 15% HCl。

（9）停止驱替，关闭岩心夹持器的进口和出口阀门，砂岩样品与酸反应时间控制为1h，碳酸盐岩样品与酸反应时间控制为0.5h。

（10）用实验盐水正向驱替岩样，连续测定时间、压差、流量、温度以及流出液的 pH 值。

（11）流动稳定后，测定岩样经酸处理后的渗透率。

（12）停止驱替，结束实验。

五、数据处理

1. 数据记录

将测得的实验数据记录于表7-6、表7-7中。

表7-6 酸反应前实验数据记录

岩样直径：		岩样长度：	实验温度：	气测渗透率：
液体黏度：		孔隙度：		
流 量			岩样压差	

表7-7 酸反应后实验数据记录

岩样直径：	岩样长度：	实验温度：	气测渗透率：
液体黏度： 矿化度：		孔隙度：	
时间	流量	岩样压差	pH 值

2. 绘制实验对比图

根据达西方程求得渗透率，然后以酸岩反应前后的岩样渗透率与初始渗透率的比值为纵坐标，以酸岩反应前后阶段为横坐标，绘制酸敏评价实验曲线。

实验五
碱敏评价实验

一、实验目的

（1）掌握碱敏的实验评价方法。

（2）了解碱敏对储层的伤害机理；

（3）确定碱液对储层的伤害程度。

二、实验原理

当外来的碱性液体与储层岩石中的矿物发生化学反应，可能会造成颗粒脱落或生成新的沉淀物，造成储层堵塞，降低渗透率。通过测定碱液注入岩样前后的渗透率，可获得碱液对储层的伤害程度。

三、实验装置

与速敏评价实验装置相同，见图7-2。

四、实验步骤

（1）准备实验盐水。一般根据评价区块地层水分析资料室内配置，如果地层水资料未知，可用矿化度为8%的标准盐水或氯化钾溶液作为实验盐水。

（2）配置碱液。用 NaOH 调节实验盐水（地层水或8%KCl）的 pH 值，按 $1 \sim 1.5$pH 值的步长逐步提高盐水的 pH 值，至 pH 值变成13.0为止。

（3）采用气测法测得岩样渗透率和孔隙度。

（4）对岩样进行抽真空，然后使岩样完全饱和实验盐水。

（5）将饱和实验盐水的岩心装入岩心夹持器中，岩样的液流方向应与气测渗透率时的方向相同。

（6）对夹持器加环压，并始终保持环压大于驱替压力2MPa。

（7）管线排气，当岩心夹持器的入口管线端有水排出时，再将夹持器入口管线与夹持器连接好。

（8）用配置好的实验盐水驱替岩样，稳定后测得岩样渗透率。驱替流速应小于临界流速。

（9）按 pH 值从小到大的次序，依次向岩样中驱替(10~15)PV 已调好的碱性盐水，然后停止驱替，使岩样在碱性溶液中浸泡 12h 以上。

（10）再用该碱性溶液驱替岩样，驱替速度与加碱液之前的驱替速度相同。

（11）流动稳定后，测得该碱性溶液驱替岩样的渗透率。

（12）重复步骤(8)~(10)，直至 pH 值提高至 13.0 为止。

（13）停止驱替，结束实验。

五、数据处理

1. 实验记录

将测得的实验数据记录于表 7 8 中。

表 7-8　不同 pH 值碱液驱替实验数据

岩样直径：　　　岩样长度：　　　实验温度：　　　气测渗透率：

液体黏度：　　　孔隙度：

pH 值	流量	岩样压差

2. 实验曲线绘制

根据达西方程求得渗透率，然后以 pH 值为横坐标，以不同 pH 值碱液对应的岩样渗透率与初始渗透率的比值为纵坐标，绘制碱敏评价实验曲线。

实验六
应力敏感评价实验

一、实验目的

（1）掌握应力敏感实验评价方法。

（2）了解净应力变化导致岩石渗透能力变化的机理。

（3）确定应力敏感对储层的伤害程度。

二、实验原理

岩石的应力发生改变，会导致岩石的压缩或拉伸，岩石的变形将引起岩石孔隙结构的改变，从而影响流体在孔隙中的渗流能力。通过测定岩石渗透率与应力变化值的关系，可以评价岩石储层的应力敏感程度。岩石应力敏感评价实验可用定孔隙压力改变围压和定围压改变孔隙压力两种方式进行。

三、实验装置

与速敏评价实验装置相同，见图7-2。

四、实验步骤

（1）准备实验流体。若用液体作为流体介质，可用矿化度为8%的标准盐水或氯化钾溶液作为实验盐水；若用气体作为流体介质，可用氮气。

（2）若采用液测，则先将岩样饱和实验盐水。

（3）将岩心装入夹持器中。

（4）以初始净压力为起点，按照设定的净压力依次增加净压力，增加至设定的最大净压力为止。每个净压力至少应保持30min。增加净压力的方式有两种：定孔隙压力增加围压、定围压降低孔隙压力(围压等于上覆地层压力，初始孔隙压力等于原始地层压力)。

（5）净压力加至设定的最大净压力值后，按照实验设定的净压力值间隔，依次降低净压力值至原始净压力值。每个设定的净压力点应至少保持1h。

（6）流动稳定后，记录每个净压力值下的入口压力、出口压力、流量，求得每个净压力值下对应的渗透率。

五、数据处理

1. 数据记录

将实验测得的数据记录于表7-9中。

表7-9　各净压力下的压力、流量数据

净压力：　　　　岩样直径：　　　　岩样长度：　　　　实验温度：
流体黏度：　　　孔隙度：

围压	入口压力	出口压力	流量

2. 绘制曲线

应用达西方程求得渗透率，然后以净压力为横坐标，以不同净压力下岩样渗透率与初

83

始渗透率的比值为纵坐标，绘制净压力增加与净压力降低两个过程的应力敏感评价曲线。

第三节　油-水相对渗透率测定实验

实验一
稳态法测定油-水相对渗透率实验

一、实验目的

（1）掌握稳态法测定油-水相对渗透率的原理和方法。

（2）获得岩样的相对渗透率曲线。

二、实验原理

在油、水总流量不变的条件下，将油、水按照一定的流量比例同时以恒定的速度注入岩样，当流动达到稳定后，油、水的有效渗透率为常数。由达西定律可直接计算出岩样的油、水有效渗透率，从而求得相对渗透率。然后改变油、水注入流量的比例，就可以达到一系列不同含水饱和度下的油、水相对渗透率。但稳态法测定油-水相对渗透率实验过程中，流动要达到稳定状态较困难，实验周期较长。

三、实验装置与流程

与水驱油实验流程图相同，见图7-1。

四、实验步骤

（1）实验准备。清洗、干燥岩样，然后对岩样称重，并准备好实验用的模拟油和水。

（2）岩样抽真空加压饱和地层水。抽真空完成后，对饱和地层水的岩样进行称重。

（3）将饱和地层水的岩样装入夹持器中，并连接好流程。

（4）建立岩样束缚水饱和度。用配置好的实验模拟油驱替饱和地层水的岩样，先用低流速（一般采用 0.1mL/min）进行油驱水，然后逐步增加驱替速度直至不出水为止。

（5）测定束缚水饱和度下的油相有效渗透率。要求建立束缚水饱和度后，再用实验模拟油驱替达 10PV 后，测定油相有效渗透率。

（6）将油、水按设定的比例注入岩样，流动稳定后记录岩样进、出口压力以及油、水的体积。

（7）在总注水速度不变的条件下，改变油、水注入比例（比例数值见表 7-10），重复步骤（6），直至实验结束。

表 7-10　油、水注入比例

油	水	油	水
20	1	1	1
10	1	1	5
5	1	1	10

五、实验数据处理

1. 数据记录

将实验数据记录于表 7-11、表 7-12、表 7-13 中。

表 7-11　建立束缚水过程的实验记录

干燥岩心质量/g	100%饱和水岩心质量/g	最终驱出的水体积/cm³

表 7-12　绝对渗透率测定数据

岩样直径：　　　　岩样长度：

流量	岩样入口压力	岩样出口压力

表 7-13　稳态法测定油-水相对渗透率数据

油水注入比例	岩心入口压力	岩心出口压力	油流量	水流量
1∶0(束缚水饱和度状态)				
20∶1				
10∶1				
5∶1				
1∶1				
1∶5				
1∶10				

2. 求取油水相对渗透率

油、水相对渗透率可用式(7-4)、式(7-5)、式(7-6)、式(7-7)求得。

$$K_{we}=\frac{Q_w\mu_w L}{A(p_1-p_2)}\times 10^2 \tag{7-4}$$

$$K_{oe}=\frac{Q_o\mu_o L}{A(p_1-p_2)}\times 10^2 \tag{7-5}$$

$$K_{ro}=\frac{K_{oe}}{K_o(S_{wc})} \tag{7-6}$$

$$K_{rw} = \frac{K_{we}}{K_o(S_{wc})} \tag{7-7}$$

式中 K_{we}——水相有效渗透率，mD；

K_{oe}——油相有效渗透率，mD；

$K_o(S_{wc})$——束缚水饱和度下的油相渗透率，mD；

K_{rw}——水相对渗透率，以小数表示；

K_{ro}——油相对渗透率，以小数表示。

3. 绘制油、水相对渗透率曲线

以含水饱和度为横坐标，相对渗透率为纵坐标，在直角坐标系中绘制油、水相对渗透率曲线。

实验二
非稳态法测定油-水相对渗透率实验

一、实验目的

（1）掌握非稳态法测定油-水相对渗透率的原理和方法。

（2）获得岩样的相对渗透率曲线。

二、实验原理

非稳态法测油-水相对渗透率实验是先将岩样用一种流体饱和，然后用另一种流体驱替。在驱替过程中，两相饱和度在多孔介质中的分布是距离和时间的函数，这个过程被称为非稳定过程。

Johnson、Bossler 以及 Navmann（1995）利用 Buckley-Leverett 方程计算得到了油-水两相相对渗透率的计算式，这种计算油-水两相相对渗透率的方法被称为 JBN 方法。后来 Jones 和 Roszelle（1978）对该方法进行了发展和完善。JBN 方法，忽略了毛细管力和重力的影响，假设压差或流速足够大，流动压力梯度远大于毛细管压力，使毛细管效应可以忽略；假设油水两相不可压缩；岩心为均质多孔介质。油、水相对渗透率公式和含水饱和度的计算公式如下：

$$f_o(S_w) = \frac{d\overline{V}_o(t)}{d\overline{V}(t)} \tag{7-8}$$

$$K_{ro} = f_o(S_w) \frac{d[1/\overline{V}(t)]}{d[1/I\overline{V}(t)]} \tag{7-9}$$

$$K_{rw} = K_{ro} \frac{\mu_w}{\mu_o} \frac{1 - f_o(S_w)}{f_o(S_w)} \qquad (7-10)$$

$$I = \frac{Q(t)}{Q_o} \frac{\Delta p(0)}{\Delta p(t)} \qquad (7-11)$$

$$S_{we} = S_{wc} + \overline{V}_o(t) - \overline{V}(t) f_o(S_w) \qquad (7-12)$$

式中　$f_o(S_w)$——含油率，以小数表示；

　　　$\overline{V}_o(t)$——无因次累积采油量，以孔隙体积倍数表示；

　　　$\overline{V}(t)$——无因次累积采液量，以孔隙体积倍数表示；

　　　K_{ro}——油的相对渗透率，以小数表示；

　　　K_{rw}——水的相对渗透率，以小数表示；

　　　I——流动能力比，以小数表示；

　　　$Q(0)$——初始时刻岩样出口端产油流量，cm^3/s；

　　　$Q(t)$——t 时刻岩样出口端产液流量，恒速法实验时 $Q(t) = Q(0)$，cm^3/s；

　　$\Delta p(0)$——初始驱替压差，MPa；

　　$\Delta p(t)$——t 时刻的驱替压差，恒压法实验时 $\Delta p(t) = \Delta p(0)$，MPa。

　　　μ_o——油的动力黏度，Pa·s；

　　　μ_w——水的动力黏度，Pa·s；

　　　S_{wc}——束缚水饱和度，以小数表示；

　　　S_{we}——岩样出口面 t 时刻的函数饱和度，以小数表示。

三、实验装置与流程

与水驱油实验流程图相同，见图 7-1。

四、实验步骤

（1）实验准备。清洗、干燥岩样，然后对岩样称重，并准备好实验用的模拟油和水。

（2）岩样抽真空加压饱和地层水。抽真空完成后，称取饱和地层水的岩样质量。

（3）将饱和地层水的岩样装入夹持器中，并连接好流程。

（4）建立岩样束缚水饱和度。用配置好的实验模拟油驱替饱和地层水的岩样，先用低流速（一般采用 0.1mL/min）进行油驱水，然后逐步增加驱替速度直至不出水为止。

（5）测定束缚水饱和度下的油相有效渗透率。要求建立束缚水饱和度后，再用实验模拟油驱替达 10PV 后，测定油相有效渗透率。

（6）以恒速进行水驱，并每隔一段时间记录岩心的累积产油量、累积注水量、岩心两端的压差。

恒速驱替时，注水速度满足如下关系：

$$L\mu_w v_w \geq 1 \qquad (7-13)$$

式中　L——岩样长度，cm；

μ_w——水的动力黏度，mPa·s；

v_w——渗流速度，cm/min；

$v_w = Q/A$，Q——流量，mL/min；

A——岩样横截面积，cm^2。

（7）含水率达到99.95%时或注水驱替达到30PV后，结束实验。

五、实验数据处理

1. 数据记录表

将实验数据记录于表7-14中。

表7-14　非稳态法测相对渗透率实验数据

时　　间	累积产油量	累积注水量	岩心两端的压差

2. 计算油-水相对渗透率，并绘制相对渗透率曲线

根据式(7-8)、式(7-9)、式(7-10)、式(7-11)、式(7-12)求得非稳态下的油、水相对渗透率，然后以含水饱和度为横坐标，油、水相对渗透率为纵坐标，在直角坐标系中绘制油、水相对渗透率曲线。

第八章　非常规油气开发工程实验

第一节　页岩气/煤层气高压等温吸附实验

一、实验目的

（1）掌握容积法测页岩气/煤层气高压等温吸附的实验原理与方法。

（2）测定页岩/煤岩-甲烷的等温吸附能力。

二、实验原理

1. Langmuir 等温吸附方程

将一定粒度的页岩或煤岩样置于密封容器中，测定岩样在不同压力下达到吸附平衡时所吸附的甲烷气体的体积，然后根据 Langmuir 方程求取 Langmuir 体积、Langmuir 压力。Langmuir 方程的表达式如下：

$$V_g = V_L \left(\frac{p}{p + p_L} \right) \tag{8-1}$$

式中　V_g——地层压力 p 下的等温吸附量，m^3/t；

　　　V_L——Langmuir 吸附常数（或极限吸附量），m^3/t；

　　　p_L——Langmuir 压力常数，即吸附量达到极限吸附量的一半时的气体压力，MPa；

　　　p——地层压力，MPa。

2. 自由空间体积计算

根据气体状态方程以及物质守恒原理，可得如下表达式：

$$\frac{p_1 V_r}{Z_1 R T_1} + \frac{p_2 V_f}{Z_2 R T_2} = \frac{p_3 V_r}{Z_3 R T_3} + \frac{p_4 V_f}{Z_4 R T_4} \tag{8-2}$$

根据上式，可得自由空间体积：

$$V_f = \left(\frac{p_3}{Z_3 R T_3} - \frac{p_1}{Z_1 R T_1} \right) V_r \Big/ \left(\frac{p_2}{Z_2 R T_2} - \frac{p_4}{Z_4 R T_4} \right) \tag{8-3}$$

式中　　　　p_1——平衡前参考室压力，MPa；

　　　　　　p_2——平衡前样品室压力，MPa；

p_3——平衡后参考室压力，MPa；

p_4——平衡后样品室压力，MPa；

V_r——参考室体积，cm^3；

V_f——自由空间体积，cm^3；

Z_1、Z_2、Z_3、Z_4——分别为平衡前参考室中气体的偏差系数、平衡前样品室中气体的偏差系数、平衡后参考室中气体的偏差系数、平衡后样品室中气体的偏差系数；

T_1、T_2、T_3、T_4——分别为平衡前参考室中气体的温度、平衡前样品室中气体的温度、平衡后参考室中气体的温度、平衡后样品室中气体的温度，K。

3. 吸附体积计算

根据气体状态方程以及物质守恒原理，可得第 i 个压力测试点的吸附增量：

$$\Delta n_i = \frac{p_{i1}V_r}{Z_{i1}RT_{i1}} + \frac{p_{i2}V_f}{Z_{i2}RT_{i2}} - \left(\frac{p_{i3}V_r}{Z_{i3}RT_{i3}} + \frac{p_{i4}V_f}{Z_{i4}RT_{i4}} \right) \qquad (8-4)$$

式中　i——下标，表示压力测试点的序号。

则第 i 个压力测试点的气体吸附量为：

$$n_i = \sum_{j=1}^{i} \Delta n_j \qquad (8-5)$$

式中　Δn_j——第 i 个压力测试点的气体吸附增量，mol；

n_i——第 i 个压力测试点的吸附量，mol。

各压力测试点下气体在标准状态下（0℃，0.101325MPa）的吸附量为：

$$V_i = 22.4 \times 1000 \times n_i \qquad (8-6)$$

式中　V_i——第 i 个压力测试点下的气体吸附量，cm^3。

三、实验装置(图8-1)

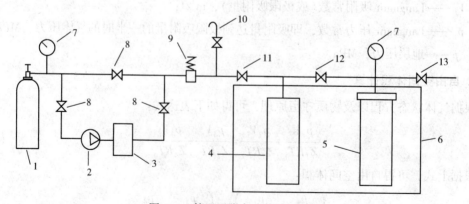

图8-1　等温吸附实验装置流程图

1—高压气瓶；2—增压泵；3—储气罐；4—定容罐；5—吸附罐；6—恒温水浴；7—压力计；
8—关断阀；9—减压阀；10—安全阀；11—进气阀；12—测试阀；13—排气阀

四、实验步骤

（1）将岩样称重后装入样品室中。岩样粒度为 0.25~0.18mm，样品量不小于样品室容积的 2/3，且样品质量应大于 10g。

（2）设定实验温度，使样品室和参考室的温度恒定在设定温度条件下。

（3）气密性检查。向系统中充入氦气，压力设置高于岩样最高测试压力 1MPa，压力在 6h 内保持不变，则认为系统气密性良好。

（4）关闭样品室阀门，打开参考室阀门，向参考室中充氦气，将压力调节至最高测试压力的 1/2，关闭参考室阀门。压力稳定后，记录样品室、参考室的温度和压力。

（5）打开样品室阀门，压力稳定后，记录样品室、参考室的温度和压力。

（6）关闭参考室阀门，将参考室与样品室中的气体放空。

（7）重复两次步骤(4)~步骤(6)。

（8）对参考室和样品室抽真空，抽真空完成后关闭参考室、样品室阀门。

（9）打开参考室阀门，向参考室中注入吸附气体，条件：参考室压力至初始设定压力。压力稳定后，记录参考室和样品室的温度和压力。

（10）打开样品室阀门，当样品室与参考室压力达到平衡后，记录样品室与参考室的温度和压力。

（11）从低至高逐个压力点进行测试，重复步骤(9)~步骤(10)，直至达到最高压力测试点。

五、数据处理

1. 数据记录

将实验数据记录于表 8-1 中。

表 8-1　等温吸附测试数据

序　　号	平　衡　压　力	吸　附　量

2. 求取自由空间体积

根据式(8-3)可求得自由空间体积。

3. 计算 Langmuir 压力与 Langmuir 体积

式(8-1)可改为如下线性形式:

$$V_g = a - b\frac{V_g}{P} \tag{8-7}$$

$$a = V_L \tag{8-8}$$

$$b = p_L \tag{8-9}$$

将表 8-1 中的实验数据, 按式(8-7)进行线性回归, 求得直线的截距 a 即为 Langmuir 体积, 直线的斜率为 b, b 为 Langmuir 压力。

第二节　气体水合物合成与分解模拟实验

一、实验目的

(1) 掌握气体水合物合成与分解实验的原理与方法。
(2) 获得气体水合物合成与分解的临界参数。

二、实验原理

天然气水合物是在低温、高压条件下形成的。通过控制反应釜中流体的温度和压力, 可模拟水合物的合成与分解。水合物生成与分解过程温度与压力变化特征如图 8-2 所示。

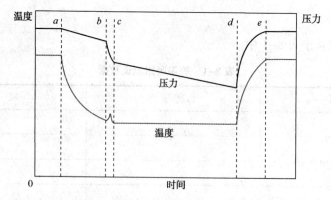

图 8-2　水合物生成与分解过程中压力、温度变化特征曲线

三、实验装置(图 8-3)

四、实验步骤

(1) 卸下反应釜, 用去离子水冲洗反应釜, 向高压釜中加入反应釜容积 20% 的水(若需

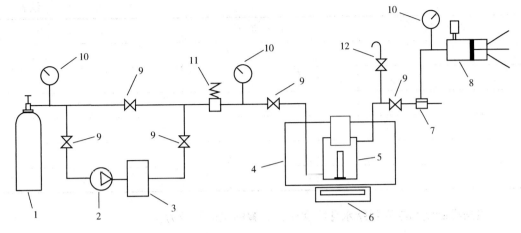

图 8-3　水合物生成与分解实验装置流程图

1—高压气瓶；2—增压泵；3—储气罐；4—恒温水浴；5—水合物反应釜；6—磁力搅拌控制器；
7—回压阀；8—手摇泵；9—阀门；10—压力计；11—减压阀；12—安全阀

开展多孔介质中水合物生成实验，可向反应釜中加入石英石或玻璃球，并在反应釜的出入口加滤网）。

（2）将密封好的反应釜放入水浴中，并按流程图连接好管线。

（3）对反应釜抽真空。开启真空泵，对反应釜抽真空约 10min。

（4）打开进气阀，注入实验气体，调节气体压力至实验设定初始值，然后关闭进气阀。

（5）检查系统的气密性。

（6）打开制冷器，设定目标温度（当水浴温度需低于 5℃时，液体介质一般选用酒精；当水浴温度 5~80℃时，液体介质一般选择水），并开启循环水泵。

（7）打开磁力搅拌器，使转子在反应釜中搅拌。

（8）打开光源，通过反应釜上的可视窗观察水合物的生成，并每隔一段时间记录反应釜的温度与压力。

（9）当观察到水合物完全生成，釜内压力不再降低后，进行水合物分解实验，设定目标温度，对水浴进行升温。

（10）当系统温度恢复至实验初始温度后，对系统内气体进行放空，结束实验。

五、数据处理

1. 数据记录

将实验数据记录于表 8-2 中。

表 8-2　水合物生成与分解温度与压力数据

时　间	温　度	压　力

时　　间	温　　度	压　　力

2. 根据实验观测结果判断水合物生成、分解的温度和压力

以时间为横坐标，温度和压力为纵坐标绘制曲线图，并分析各阶段的特征。

第三节　水介质条件下油页岩热解生烃实验

一、实验目的

（1）掌握油页岩热解生烃的原理和实验方法。

（2）获得油页岩热解产物的组分和热解参数。

二、实验原理

通过对油页岩在一定温度下加热，油页岩中的干酪根发生热解反应，生成气体、石油、固体残渣。自然界的石油是烃源岩经过漫长的地质演化后获得，根据时间、温度补偿原理，在室内对油页岩进行高温热解，可以在较短的时间内生成油气。岩样的总油量可用下式表示：

$$V_{ot} = V_{o1} + V_{o2} + V_{o3} \tag{8-10}$$

式中　V_{ot}——总油量，cm^3；

V_{o1}——生烃过程中排出的油量，cm^3；

V_{o2}——二氯甲烷洗出的油量，cm^3；

V_{o3}——残留在岩样中的油量，cm^3。

三、实验装置（图 8-4）

四、实验步骤

（1）岩样准备。先将页岩块打碎，粉碎至 10~20 目，然后对岩样进行称重。

（2）压制岩心。将损压限位块装入压实腔底部，再将已称重的油页岩颗粒装入岩心压实腔中，上部放压实棒，最后用液压机压实岩心。

（3）将岩心装入高压反应釜。将带有压实岩心的压实腔装入高压釜中，在上部装上承

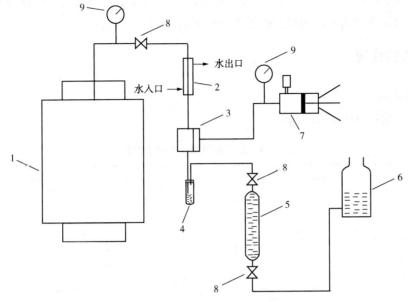

图 8-4 油页岩热解实验装置流程图

1—高温、高压釜；2—冷却器；3—回压阀；4—气、液分离瓶；5—气量计；

6—液位瓶；7—高压泵；8—阀门；9—压力计

压钢圈，然后在上下堵头(带焊接管线的堵头)上依次装入 1 个铜密封圈、3 个石墨密封垫和 1 个铜密封圈，堵头长的是上堵头，短的是下堵头，然后将上、下堵头分别装在高压釜两端。

（4）将高压反应釜装入加热炉，使反应釜居于炉中心位置。

（5）检查下部堵头管线是否位于高压釜下部缝槽中。

（6）打开控制电脑，打开仪器的控制程序界面。

（7）连接排液、排气管线与计量仪器。

（8）用高压泵向反应釜中注入去离子水，使压制的岩心孔隙中被水完全充满。

（9）对岩心施加上覆地层压力至设定值，并施加密封压力。

（10）关加热炉保温夹。

（11）打开冷却水阀门，让冷却水进行循环。

（12）打开控制面板加热开关，按设计好的升温速度，将温度升至实验目标温度，并保持恒温 48h。

（13）实验过程中，用回压阀控制出口压力，使孔隙流体压力始终低于上覆地层压力。

（14）计量排出的油、水、气量，并对收集的油和气进行组分分析。

（15）当不再有油排出时，结束实验。先放孔隙压力，上覆压力，密封压力，关闭加热（这时冷却水也不能关闭，只有等炉子温度到达常温左右才能关闭）。打开加热炉，等待冷却后取出高压釜，用拆卸工具拆卸上下堵头，施压套及下堵头限位块，然后用液压油缸将高压釜里的密封圈及样品室取出，最后用液压油缸、压实棒、拆卸岩心模具把样品室里的固体残渣取出。

（16）将固体残渣取出后，用二氯甲烷冲洗高压釜内壁，将冲洗出来的油和残渣放在一起，以氯仿为溶剂，用索氏抽提仪抽提其中的沥青。

五、数据处理

1. 数据记录

将实验数据记录于表 8-3 中。

表 8-3　油页岩热解生烃实验数据

样品编号	升温速度	最终温度	样品质量	排出油量	洗出油量	残余油量	残渣质量	气体体积

2. 计算含油率

根据式（8-10），利用记录的实验数据，可求得岩样含油率。

第四节　脉冲衰减法测页岩渗透率实验

一、实验目的

（1）掌握脉冲法测页岩渗透率原理和实验方法。

（2）了解脉冲法测渗透率实验装置的操作方法。

二、实验原理

页岩的渗透率非常低，难以用常规的稳态法测渗透率。稳态法很难精确测得渗透率低于 0.1mD 的岩心渗透率。

Brace 等（1968）通过达西定律与连续性方程结合，推导出了脉冲衰减渗透率的计算公式，Jones（1997）对 Brace 的脉冲衰减法进行了修正，得到了下式：

$$K_g = -\frac{14696 m_1 \mu_g L f_z}{f_1 A p_{av}\left(\dfrac{1}{V_1}+\dfrac{1}{V_2}\right)} \tag{8-11}$$

$$\ln\frac{\left[p_1(t)-p_2(t)\right]p_{av}(t)}{\left[p_1(0)-p_2(0)\right]p_{av}(0)} = \ln(f_0)+m_1 t \tag{8-12}$$

$$f_1 = \frac{\theta_1^2}{a+b} \tag{8-13}$$

$$a = \frac{V_p}{V_1} \tag{8-14}$$

$$b = \frac{V_p}{V_2} \tag{8-15}$$

式中　K_g——脉冲衰减渗透率，mD；

　　　m_1——线性回归的斜率；

　　　μ_g——气体的动力黏度，mPa·s；

　　　L——岩样的长度，cm；

　　　f_0——常数；

　　　f_1——气体的流动校正因子；

　　　f_z——气体的压缩校正因子；

　　　A——岩心的横截面积，cm²；

　　　p_{av}——平均孔隙压力，psi；

　　　V_1——上游室的容积，cm³；

　　　V_2——下游室的容积，cm³；

　$p_1(t)$——t 时刻上游室压力，psi（1psi＝6.89kPa）；

　$p_2(t)$——t 时刻下游室压力，psi；

　　　V_p——岩样的孔隙体积，cm³；

　　　θ_1——超越方程 $\tan\theta = (a+b)\ \theta/(\theta^2 - ab)$ 的第一个正数解。

a、b——常数，无因次。

在 22℃时氮气的偏差系数 z 与压缩校正因子 f_z 见表 8-4。

表 8-4　22℃时氮气的偏差系数 z 与压缩校正因子 f_z（Jones，1997）

压力 p/psia	z	f_z
100	0.99827	1.00157
200	0.99680	1.00265
300	0.99561	1.00318
400	0.99469	1.00314
500	0.99405	1.00255
600	0.99368	1.00140
700	0.99258	0.99970
800	0.99376	0.99747
900	0.99421	0.99471
1000	0.99493	0.99145
1100	0.99591	0.98771
1200	0.99716	0.98351

压力 p/psia	z	f_z
1300	0.99865	0.97889
1400	1.00040	0.97387
1500	1.00239	0.96848
1600	1.00461	0.96277
1700	1.00706	0.95676
1800	1.00973	0.95048
1900	1.01261	0.94396
2000	1.01570	0.93725

三、实验装置与流程(图 8-5)

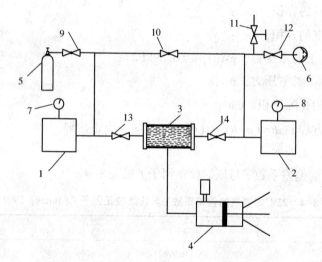

图 8-5　脉冲衰减法测渗透率实验装置流程图

1—上游室;2—下游室;3—岩心夹持器;4—高压手摇泵;5—气瓶;

6—真空泵;7、8—压力计;9~14—阀门

四、实验步骤

(1) 按图 8-5 连接好管线流程,检查系统的气密性。

(2) 量取岩心直径和长度后,将岩心装入岩心夹持器中密封。

(3) 关闭阀门 9、阀门 11,其余阀门全部打开,然后对系统进行抽真空。

(4) 抽真空完成后,关闭阀门 12,用高压手摇泵 4 对岩心加围压至设计值。

(5) 打开进气阀门 9,往系统中充入氦气至设计值(系统压力始终低于围压),关闭阀门 9,等待岩心饱和气体(饱和时间不得小于 5min),并记录压力计 7、压力计 8 的读数。

(6) 关闭阀门 10,缓慢调节针型阀 11,让下游室排出适量气体,当上游室与下游室压差达到 10~30psi，关闭针型阀。

（7）每隔一段时间，记录上、下游室的压力数据，当上下游压差下降至一定值时（建议压差小于初始压差的 1/3），停止测试。

（8）放空系统压力，卸载围压，取出岩心。

五、实验数据处理

1. 数据记录

将实验数据记录于表 8-5 中。

表 8-5　脉冲法测渗透率实验数据

t	$p_1(t)$	$p_2(t)$	p_{av}

2. 计算渗透率

首先利用式(8-12)对表 8-5 中的数据进行线性回归，可得到斜率 m_1，然后利用式(8-14)、式(8-15)求得 a、b。再将 a、b 代入超越方程 $\tan\theta = (a+b)\,\theta/(\theta^2-ab)$ 求得 θ_1，从而可由式(8-13)求得 f_1。最后将求得的 m_1、f_1 代入式(8-11)，可求得渗透率。

参 考 文 献

[1] 孟尔熹，曹尔第. 实验误差与数据处理[M]. 上海：上海科学技术出版社，1988.

[2] 孙良田. 油层物理实验[M]. 北京：石油工业出版社，1992.

[3] 何更生. 油层物理[M]. 北京：石油工业出版社，1994.

[4] 熊青山，谢齐平，欧阳传湘. 石油工程专业实验指导书[M]. 东营：中国石油大学出版社，2008.

[5] 赵明国，党庆功. 石油工程实验[M]. 北京：石油工业出版社，2014.

[6] Kozeny, J. Uber Kapillare Leitung des Wassers im Boden[J]. Sitzungsber Akad Wiss Wien, 1927, 136(2a)：271-306.

[7] Carman P C. Fluid flow through granular beds[J]. Transactions of the Institution of Chemical Engineers, 1937, 15：150-167.

[8] 张建国，杜殿发，候健，雷光伦，吕爱民. 油气层渗流力学[M]. 东营：中国石油大学出版社，2008.

[9] 李传量. 油藏工程原理[M]. 北京：石油工业出版社，2008.

[10] 陈平. 钻井与完井工程[M]. 北京：石油工业出版社，2005.

[11] Johnson, E. F., Bossler, E. F. and Navmann, V. O. Calculation of Relative Permeability from Displacement Experiment[J]. Trans. AIME, 1959, 216, 370.

[12] Jones, S. C. and Roszelle, W. Q. Graphical Techniques for Determining Relative Permeability from Displacement Experiments[J]. Trans. AIME, 1978, 265.

[13] 谢斌，任岚，贾久波，黄波. 火山岩体积压裂的自支撑裂缝导流能力实验评价[J]. 大庆石油地质与开发，2020，1-8.

[14] 侯晓春，王雅茹，杨清彦. 一种新的非稳态油水相对渗透率曲线计算方法[J]. 大庆石油地质与开发，2008，27(04)：54-56.

[15] 杨清彦. 两相驱替相对渗透率研究[D]. 中国地质大学(北京)，2012.

[16] 彭彩珍，薛晓宁，王凤兰，石淦鹏. 非稳态法油水相对渗透率实验数据处理方法[J]. 大庆石油地质与开发，2018，37(02)：74-78.

[17] 陈元千，郭二鹏，齐亚东. 关于确定兰氏体积和兰氏压力的方法[J]. 断块油气田，2015，22(1)：67-69.

[18] Brace, W. F., Walsh, J. B., Frangos, W. T. Permeabilty of Granite under High Pressure [J]. Journal of Geophysical Research, 1968, 73(6)：2225-2236.

[19] Jones, S. A Technique for Faster Pulse-decay Permeability Measurements in tight rocks[J]. SPE Formation Evaluation, 1997, 12(01)：19-26.